这是一部小主妇成就大梦想的启蒙之书，
献给那些想展现才艺的聪明人。

Kitchen in Four Seasons

FASHION
3A 时尚 ☆ 生活

四季
健康
厨房

传统名菜进家厨

高树仁　欧阳雪 / 主编

社会科学文献出版社
SOCIAL SCIENCES ACADEMIC PRESS (CHINA)

前言

健康四季·幸福人生

人是天地自然的一部分，一年四季，寒来暑往，季节的更替会对人的身体产生潜移默化的影响。所幸天生万物以养人，当季、当地的食物能帮助人们适应天时的变化；而且作为生活的重要组成部分，美味的饮食也是人生乐趣所在。如果在日常饮食上放一点心思，下一些工夫，做到顺应季节，因势利导，自然可以事半功倍，拥有更健康的身体，更好的精神状态，以及更多彩的生活。

中国的古人很早就注意到了四季饮食对身体的作用，提出"药养不如食养"的观点，多部重要的中医理论著作中都详细地阐述了"食养"的规律。

因此，将四季对人体的作用、饮食起居的要点、应季的食材、搭配的宜忌规律、佳肴的做法、食性食味的内涵，还有精美的图片融于一体，就有了这本《四季健康厨房》。

美好的生活需要自己营造，一书在手，既要通过阅读获取健康饮食的奥妙、美味佳肴的秘方，更需要了解自己、付诸实践。

每个人都有属于自己的饮食习惯和身体状况，唯有将四季阴阳消长的规律与自身的体质状态结合在一起，才能做出符合需求的菜肴，拥有独特的品位与个性。

健康可以很美味、很质朴，也可以很文化、很时尚。

在阳春三月用新发的香椿芽做出清爽可口的小菜；将几种夏季常见的水果码成色彩缤纷的沙拉；把秋季收获的金黄色南瓜去子，煮成营养丰富的南瓜盅；用大白菜和豆腐、鸡汤炖出温暖一冬的美好滋味。兴致来时，可以用荷叶包起一只鸡，烤成香飘四里的叫化鸡；或者尝试着通过回形切法，为一块猪肉赋予贺寿祝福的含义；再把具有西北风味的哨子面热气腾腾地盛进光洁的瓷碗。还有雪白山药上深紫色蓝莓的诱惑，西米露的清爽甜美，蟹黄豆腐的鲜香细嫩……这样被装点起来的餐桌，又有谁能够拒绝。

《四季健康厨房》从选择食材开始，将烹饪佳肴的每一个步骤都展现给读者，提供通向健康与美味的贴心途径，即使是烹饪新手也能一看就会，一读就懂，还可以举一反三，自主创新，让烹调成为风格的展现，做出只属于自己的味道。翻开这本书，有富贵繁复的传统名菜，有淡雅简易的家常小菜，能够满足各个季节、各种场合的饮食需求；通过书中介绍的饮食传统、故事传说，还可以了解美食背后的渊源，令佳肴更添滋味。

色香味俱全的菜品，是桌上佳肴、待客上品；是生活中的享受，家人欢聚的纽带；运用得当时，更可以为人生带来广阔的空间与更多的机遇。

饮食中有细节，有文化，也有未来。懂得把握，生活可以健康而光彩夺目，充满无限可能。

每个人都能创造出顺天应时，健康便捷的饮食人生。

目录

011 / 春季养生篇
　　——正是一年春好处
011 / **适合春季的食材** —— **春宜温补**
011 / **春季健康菜**
022 / 葱爆黑木耳
023 / 醋椒皮蛋
025 / 香椿豆腐
026 / 油焖春笋
027 / 杭椒焖猪蹄
029 / 杭椒爆牛柳
030 / 水晶虾仁
032 / 烤鸡翅中
033 / 橙香脆贝豆腐
034 / 草菇蒸鸡
035 / 海米芹黄
036 / 清炒豆苗
037 / 美极金钩炒蚕豆
038 / 赛螃蟹
040 / 绣芋头
041 / 蓝莓山药架
042 / 回锅肉
043 / 小拌菜心
044 / 特制奶酪
045 / 叫化鸡

047 / 夏季养生篇
　　—— 绿树荫浓夏日长

047 / 适合夏季的食材 —— 夏食清淡
047 / 夏季健康菜

060 / 西米露

061 / 白灼基围虾

062 / 冰镇黑木耳

063 / 冰镇芥蓝

065 / 鲜花水果沙拉

066 / 韭菜鲜百叶

067 / 酒酿马蹄

068 / 大拌菜

070 / 豆豉鲮鱼苦瓜

071 / 老醋蛰头

073 / 凉拌苦菊

074 / 毛豆萝卜干

075 / 酸辣凉粉

076 / 拌笋尖

077 / 咸鱼毛豆仁

078 / 南瓜汁豆腐羹

079 / 百合金瓜

081 / 水乡脆萝卜

082 / 豆角炒肉丝

083 / 麻酱油麦菜

085 / 风味肉皮冻

086 / 拔丝苹果

088 / 黄瓜蘸酱

089 / 果仁鸡丁

090 / 老醋花生米

091 / 酸辣乌鱼蛋汤

093 / 老鸭煲

094 / 养颜时蔬

095 / 炸西红柿盒

097 / 芥末虾拼素虾仁

099 / 秋季养生篇
—— 秋风萧瑟天气凉

099 / 适合秋季的食材 —— 秋重润燥

099 / 秋季健康菜

110 / 葱烧海参

112 / 灌汤大黄鱼

113 / 南瓜盅

114 / 肉汁小香菇

115 / 糯香酥骨

116 / 三鲜鱼肚

117 / 油焖大虾

119 / 神仙肉

120 / 私房香槟骨

121 / 雪菜炒笋片

122 / 沾水鲈鱼球

124 / 全脑狮子头

125 / 莼菜鱼丸汤

126 / 杏干肉

127 / 拌肚丝

128 / 宫廷炖鸡

129 / 亮油茄子

130 / 莲子醉红枣

131 / 家庭泡菜

133 / 蟹黄豆腐

134 / 口水鸡

135 / 九转大肠

137 / 酱爆安格斯牛柳

139 / 冬季养生篇
　　　　——冬至阳生春又来
139 / **适合冬季的食材 —— 冬令滋补**
139 / **冬季健康菜**
　150 / 咖喱土豆炖牛腩
　152 / 葱烧蹄筋
　153 / 宫廷酱排骨
　154 / 乱炖
　155 / 凉拌核桃仁
　156 / 蒜汁白肉
　157 / 话梅仔排
　158 / 芥末墩
　159 / 炝腰花
　160 / 澳洲牛肉粒
　163 / 椒盐肘子
　164 / 瓦罐黄豆炖猪蹄
　166 / 荞面竹丝鸡
　167 / 竹荪菜胆银耳汤
　168 / 糯米红枣
　169 / 红果山药
　171 / 老坛子
　172 / 岐山哨子面
　174 / 炸咯吱盒
　175 / 万字扣肉

178 / 附录Ⅰ　常见食物的食性、食味与归经
188 / 附录Ⅱ　体质虚弱症的类型与食疗
189 / 附录Ⅲ　厨房常备的调料与自制调料
191 / **后记**

Spring

春

春季养生篇——正是一年春好处
适合春季的食材——春宜温补
春季健康菜

春季养生篇

一　季节与起居

1. 春季的季节特点

最是一年春好处。由立春开始，历经雨水、惊蛰、春分、清明、谷雨共6个节气，大地开始解冻，气温逐渐回升。经过冬三月的蛰藏之后，万物萌发，一派生机勃勃，这便是阳气生发的表现。

随着春季的到来，人作为自然的一部分，体内的"肝气"也会随之生发。春季重在养肝。只有维持、养护好肝脏的正常生理机能，才能适应自然界的变化。如果肝功能受损或过旺，身体机能就容易紊乱，其他脏腑器官（如脾胃）也会因此受到影响。

一年之计在于春。如果我们能够顺应春季的自然规律，合理调配饮食，用心关注起居作息，提高自己的养生意识，那么不仅可以改善体质，同时也能令新的一年有一个良好的开端。提高身体的免疫力，也就意味着大大减少了患病的概率。

2. 春季的起居养生要点

冬季过后，必定会有一段时间的春寒。季节更替对人体影响最大，尤其在冬春之交，天气虽然在逐渐转暖，但冷暖气流交汇，寒温交替，忽冷忽热总是不可避免的。此外，生机盎然的春季也是各种病菌和微生物复苏繁殖的季节。因此，春季也是流感、流脑等各种传染病的高发季节，感冒、精神性疾病等痼疾也容易在春季复发。所以，我们一定要做好春季的养生保健，为一年的健康打下牢固的基础。

在春季，最需要注重的就是对体内阳气的保养。阳气是指人体新陈代谢的能力，也就是通常大家所说的"火力"。倘若身体火力不足，就会导致血液循环不畅，新陈代谢也会因此变缓，从而无法顺利将体内的"废物"排出。

保养人体阳气的方法很多，最重要的一点就是要"捂"，即俗话所说的"春捂秋冻"。当出现怕冷、手脚冰凉的症状时，就要适时增添衣服，做好自身的保暖工作。

另外，人在春季容易犯"春困"，因此每天要按时入睡，保证一定的休息时间；而为了令阳气顺利生发，早上也不宜睡懒觉。

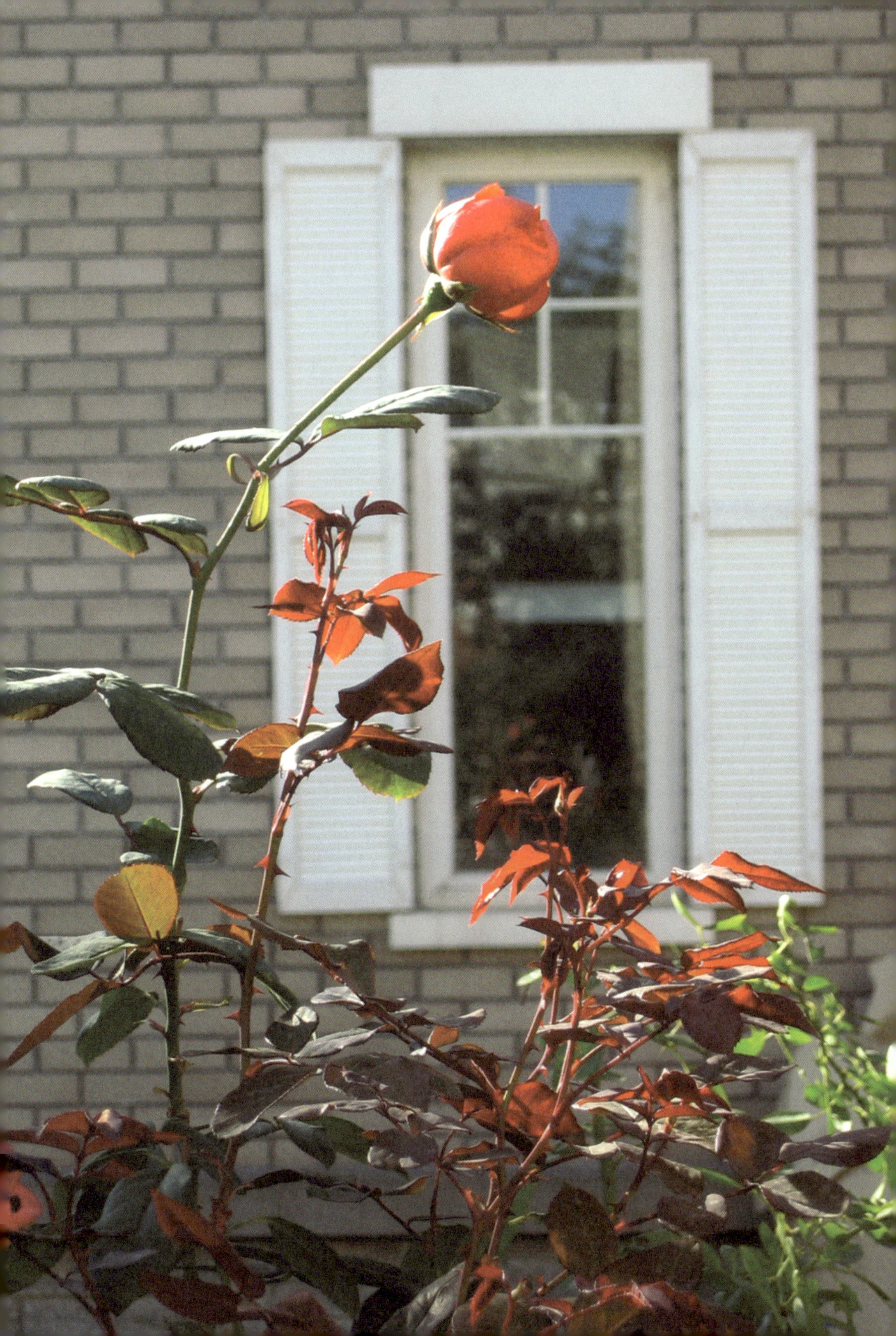

二　春季食材

• 春季宜吃的食物

1. 应当多吃些温补的食物

　　春季适合吃性温而味辛的食物，因为它们既有助于疏散风寒，又能杀菌。韭菜、蒜①、姜②、葱③、洋葱是适合春季吃的蔬菜。

2. 要注意补充维生素 C

　　春季的气候促使细菌、病毒等微生物加快繁殖，每天摄入适量的维生素 C，能增强机体的免疫功能，有效减少感冒和其他疾病的发生。

3. 春季饮食要少荤多素

　　冬季特别是春节期间，人们在吃饭时往往会无肉不欢，喝酒也会较多。这样一来，很容易令血液变得黏稠，降低机体的新陈代谢功能。因此，春季宜多吃素菜，减少荤菜。

　　春季吃荤时，宜主要吃性平或性凉的荤菜，如瘦猪肉、鸽肉等。

4. 多吃甘味的食物，少吃酸味的食物

　　在春季，选择食物应以甘味为主。这里所说的甘味和甜味并不是一个概念。甘味食物不仅指食物带有甜味，更重要的是要有补益脾胃的作用。适合春季吃的甘味食物首推大枣和山药，此外还有豇豆、扁豆、黄豆、甘蓝④、胡萝卜、芋头、番薯、土豆、南瓜、黑木耳、香菇、桂圆、栗子、荠菜等。

5. 注意补充优质蛋白质食物

　　春季虽然不宜多吃荤菜，但由于气候偏寒，仍然需要补充优质的蛋白质。富含优质蛋白质的食品有鸡蛋、鸡肉和豆制品等。另外，春季的鱼肉色鲜美，最有营养价值，也是荤菜的上佳选择。

• 春季忌吃的食物

　　春季气候干燥，北方很多地区春季常刮大风，容易令人上火。因此饮食应清淡可口，忌油腻、生冷以及具有刺激性的食物。

　　另外，春季痼疾容易发作，因此在饮食中应当避开生发的食物，如海鲜等要尽量少吃。

---

① 本书如无特殊说明，蒜均指的是普通的大蒜。
② 本书如无特殊说明，姜均指的是普通的生姜。
③ 本书如无特殊说明，葱均指的是普通的大葱。
④ 甘蓝即圆白菜。

三　早、仲、晚春饮食宜忌

1. 早春的气候特点和饮食宜忌

　　早春时节气候多变，正所谓乍暖还寒。头一天还阳光明媚，隔天就温度下降，天气转凉。冷不丁寒气来袭，气温变幻无常，让人防不胜防。在这样的气候特点下，如何才能保证机体的健康呢？首先需要考虑的就是饮食。

　　早春时节适合吃香椿、荠菜、蒜、柳芽、葱、春笋、韭菜、姜等，这些食物偏于温补。黄瓜、冬瓜、茄子、绿豆等食物性凉，应当少吃。人参等温热补品容易造成身体内热，也不能过多食用。总体来说，我们要本着趋温避凉的原则安排早春的饮食。

2. 仲春的气候特点和饮食宜忌

　　比起早春，仲春时节气候开始明显转暖，空气也渐渐温润起来，万物都是最好的复苏和生长繁殖期，各种病菌和微生物自然也不会放过机会。因而，对仲春的饮食更应该有所讲究，才能保证机体顺利渡过这一关。

　　仲春时节适合吃山药、大枣、蜂蜜、芹菜等，这些食物有平补脾胃的功效。一些酸性食物应当少吃，以免伤及脾胃。还应注意，要摄取足量的维生素，以提高机体的免疫力。总体来说，我们要本着铺垫好坚固的身体防御工事的原则安排仲春的饮食，这样，即使病菌再多也不怕。

3. 晚春的气候特点和饮食宜忌

　　与仲春相较，晚春更具个性。气温在日渐升高的过程中又会偶尔偏低，常有阴雨连绵的天气，空气湿度也会较大，有时候也因回暖过快而显得干燥。

　　因此，晚春时节适合吃甘蔗、紫菜、百合、绿豆、苦瓜、海带、鸭肉等，这些食物偏于平补。羊肉、牛肉、狗肉、蛇、虾、煎炸食品等偏温热，应当少吃。此外，黏冷、肥腻的食物，也应当少吃。总体来说，我们要本着清补的原则安排晚春的饮食。

015
Kitchen in Four Seasons

4. 适合春季的烹饪方法

春季烹饪菜肴时，不宜烤、炸，最好采用炒、炖、煮、熘、拌等方式。蔬菜类食物适合旺火快炒，也可以烫过后凉拌。

四 特别篇：春季护肝

在中医理论中，春季是肝气旺盛的季节。如果在春季失于调养，伤了肝气，那么到夏季便会导致心火不足，寒气入侵，以致生病。因此在春季，应当在修身、饮食、起居等方面多加注意，调养肝脏。

春季养肝有下列一些需要注意的事项：

1. 春季干燥寒冷，要注意多喝水，以增强血液循环，促进新陈代谢，从而减少体内毒素对肝脏的损害。
2. 忌吃肥腻、油炸的食物，以免刺激肝脏。酒也不要多喝，否则会对肝脏造成沉重的负担。
3. 在立春之后，可以适当地食用一些滋补品，如银耳粥、菊花茶等滋阴养肝的食物。
4. 春季容易心情郁闷，生气发火。然而大怒必然伤肝，过分忧郁与沮丧也不利于肝脏的养护。因此，在春季不仅要调理饮食，还应当修身养性，排除忧郁，不要陷入郁郁不安的情绪中。
5. 要避免过度劳累，每天准时睡觉，保证充足的睡眠时间。这样会令肝部血液流量增加，细胞功能也会随之增强。

总之，养肝一定要全面，相应的食材选择也必须十分讲究，才能达到事半功倍的效果。在肝气生发的春季，葡萄干、龙眼干、糯米甜糕等食材对养肝很有好处，因为肝属血，养肝适合以补血的方法，而这类食材都是补血食材中的佳品。另外，荠菜、菠菜、芹菜、莴笋、荸荠、蘑菇等也能滋养肝脏。

下面推荐几种春季养肝菜品，供大家选择。

第一道：韭菜猪肝汤

【原料】韭菜、猪肝
【调料】盐[①]、味精、醋、香菜
【做法】
1. 将猪肝打理干净后切成薄片。
2. 将韭菜择洗干净，切成小段；将香菜择洗干净，切成香菜碎。
3. 在锅里加适量清水后烧开，将韭菜段和猪肝片下到沸水中小火煮。
4. 猪肝煮熟时即可关火，加入盐、味精、醋、香菜碎调味。

【特色】
韭菜性温味甘辛，适合在春季食用；猪肝有补养肝血之效。这道菜在春季食用对肝脏很有好处，且有滋阴止虚汗之功。

① 本书如无特殊说明，盐均指的是精盐。

第二道：平菇炒山药

【原料】 山药、芹菜、平菇
【调料】 味精、淀粉、生抽
【做法】
1. 将山药皮削掉，切成片状。
2. 将平菇洗净撕开备用。
3. 清洗芹菜，而后切成与山药片相同大小的段。
4. 往锅内倒入油①，小火烧至油热，将芹菜、平菇、山药下锅翻炒至熟。
5. 在锅内加入清水，用小火烹煮，当汤汁稍微收紧的时候，加少许淀粉勾芡，再加入生抽、味精调味，翻炒均匀后即可出锅。

【特色】
这道菜适合有食欲不振、咳嗽盗汗、便频等症状的人食用。山药性平味甘，能增强机体免疫力，补充人体阳气。

- 韭菜 —— 韭菜营养丰富，富含铁、钙、磷这些矿物质，且含有大量人体必需的维生素 B、维生素 C。韭菜味道浓郁，还是调味佳品，堪称佳蔬良药。

- 菠菜 —— 菠菜又名波斯菜、赤根菜。由于菠菜中蛋白质、铁和胡萝卜素的含量十分丰富，又有助于人们补充维生素 B_6、叶酸、铁质和钾质，故有"蔬菜之王"的美称。菠菜对头疼、便秘和高血压颇有好处。不过值得注意的是，吃菠菜前最好先用开水将其烫软，再用炒、拌等方式烹饪，否则容易影响人体对钙质的吸收。

① 本书如无特殊说明，油均指的是植物油。

春季推荐食材

- 竹笋 —— 竹笋是竹子的幼芽。一年四季都可吃到竹笋,其中以春笋、冬笋味道为佳。而只有春笋笋体肥大,可采用煎、炒、熬汤、凉拌等烹饪方式,味道鲜美清香,因此人们有"尝鲜无不道春笋"的说法。竹笋中富含多种维生素,还有纤维素、胡萝卜素、植物蛋白,以及铁、磷等矿物质,对身体极有好处。

- 香椿 —— 香椿就是香椿芽,长在香椿树上,每年春季谷雨前后最适合采摘。香椿富含维生素 E,是适宜春季食用的盘中美味。中医学认为,香椿叶厚芽嫩,性温味甘辛,有清热解毒、健胃理气、抗衰老和补阳滋阴的作用,也是蔬菜中不可多得的珍品。

- 土豆 —— 土豆是碱性食物,被欧美国家誉为"第二主食"。土豆含有丰富的淀粉、钙、钾及维生素 C,营养丰富,易于吸收。中医认为其"和中养胃,宽肠通便",食用可美容养颜。

- 山药 —— 山药味甘性平，富含淀粉和糖类，能补脾养胃，生津益肺，促进消化，是延年益寿的大众补品。

- 青椒 —— 青椒又名甜椒、菜椒，是由辣椒演化而来的，辣味较淡甚至不辣，还带有甘味。除了绿色的青椒，还有黄色、红色的彩椒。青椒含有丰富的维生素C以及辣椒碱、有机酸等成分，有开胃、降脂减肥等功效。

- 香菇 —— 香菇味道鲜美、香气宜人，富含多种氨基酸和维生素，能有效提高人体免疫能力，延缓衰老，被誉为"植物皇后"。

- 金针菇 —— 金针菇含有人体必需的氨基酸成分，能有效增强机体的生物活性和对癌细胞的抗御能力，并能降低胆固醇，具有很高的食疗价值。

• 平菇 —— 平菇是常见的灰色食用菇，含有粗蛋白、脂肪、纤维素等营养物质，对腰腿疼痛、手足麻木、筋络不通等病症有好处。平菇还可增强人体免疫功能，并对更年期妇女综合征的缓解起到积极作用。

• 猪肉 —— 猪肉味甘性平、微寒，含有丰富的蛋白质及脂肪、碳水化合物、钙、磷、铁等成分，是日常生活的主要副食品，具有补虚强身、滋阴润燥、丰肌泽肤、改善缺铁性贫血的作用。

• 鸡肉 —— 鸡肉属于白肉，含有优质蛋白质和多种维生素B。鸡肉肉质细嫩，滋味鲜美，不仅富有营养，而且容易被人体消化吸收，有滋补之效。中医学认为，鸡肉有健脾胃、活血脉、强筋骨的功效。

• 虾[①] —— 虾的营养价值十分丰富，不仅脂肪、氨基酸的含量高，还含有钙、铁、磷、锌等矿物质。虾性温，具有健脾益肾、益精壮阳的作用，适宜春季食用。

---

① 此处提到的虾为河虾。

春季菜做法

健一公馆供稿

葱爆黑木耳

【原料】黑木耳 250 克（水发后）、葱 100 克
【调料】盐、味精、白糖、生抽、姜汁、高汤
【做法】
1. 将黑木耳用冷水泡发，洗干净后，用开水焯一下。
2. 葱切成长约 3 厘米的葱丝，将炒锅烧热，倒入油，将葱丝下锅，放入温油中炸成金黄色。
3. 这时，炒锅里的油就成了葱油。将黑木耳下锅煸炒。
4. 一边煸炒一边加入盐、味精、生抽、高汤、姜汁、白糖，待黑木耳炒软后即可出锅。

【黑木耳】
黑木耳性平味美，有补益之功，适合佐餐，可与各种食物搭配食用，特别是黄瓜、豆腐、猪肉、海带等。黑木耳不宜与萝卜、田螺和马肉同吃。

【高汤】
高汤是老母鸡煮 8 小时后的汤汁，还可加金华火腿和猪肘同煮。高汤味道鲜美，是调味佳品，但是由于烹饪所需时间极长，在做菜时也可以酌情不加高汤。

【焯】
焯指将初步加工的原料放在开水锅中加热至半熟或全熟，取出以备进一步烹调或调味的烹饪方法。它是烹调菜肴，特别是凉拌菜时，不可缺少的一道工序。

【煸炒】
煸炒是指将丝、条状食材下锅加热并翻炒，煸干其水分的炒法，多用于纤维较长、结构较为紧密的动植物食材。

醋椒皮蛋

【原料】皮蛋3个、辣椒（红绿皆可）1只
【调料】盐、味精、蒜、生抽、香醋、香油
【做法】
1. 将皮蛋去皮，每个切成4等份或6等份。将切好的皮蛋置入盘中，根据爱好摆成一定形状。
2. 将蒜切末备用。
3. 将辣椒切圈，加盐腌一下，放入碗中，往碗里加入生抽、香油、味精、香醋和蒜末。
4. 将碗里的辣椒圈和调料浇在皮蛋上即可。

【皮蛋】
皮蛋是将鸭蛋用石灰、草灰和盐烧制而成，色泽深黑，味道香美。但是皮蛋含铅较多，不适合儿童和病人吃。另外，皮蛋的胆固醇含量也较高，不适合患有心血管疾病、高脂血症的人吃。

健一公馆供稿

健一公館供稿

香椿豆腐

【原料】豆腐 500 克、香椿 100 克

【调料】盐、香油

【做法】

1. 将香椿去根洗净，再放入开水中焯一下。
2. 将焯好的香椿过凉水后切末。
3. 将豆腐切成约 1 厘米见方的丁状装盘，而后撒上香椿末。
4. 往盘中撒入盐、点上香油，轻轻搅拌均匀，即可食用。

【特色】

豆腐软滑鲜嫩，香椿清香馥郁。

【豆腐】

豆腐和黄豆一样，富含蛋白质和脂肪，能够补充人体必需的氨基酸，适宜产妇、儿童食用。对常饮酒的人来说，豆腐有加速酒精代谢、护肝的作用。豆腐不宜和菠菜、牛奶、茭白、猪肝、蜂蜜、葱、红糖一起食用，适合与鱼、虾、油菜、木耳、海带、香菇、金针菇等食物同吃。

【香椿】

香椿具有健脾开胃、增进食欲的功效，适合与鸡蛋一起炒，与豆腐一起凉拌，或者直接凉拌。香椿不适合患有皮肤病的人食用。

【做法小贴士】

在做这道菜时，可以用炝过的热花椒油代替香油，别有风味。

油焖春笋

【原料】春笋 300 克

【调料】味精、白糖、老抽、香油、色拉油

【做法】

1. 将春笋洗净，切成 4～5 厘米长的条状。
2. 将炒锅烧热，倒入色拉油，待油七八成热后将春笋下锅煸炒，直到色泽微黄。
3. 将老抽、白糖和适量水（约 80 毫升）倒入锅中后，用小火焖烧。
4. 锅内的汤汁收浓后，放入味精，并点上少许香油即可出锅。

【特色】

这道菜色呈金黄，咸鲜香脆，营养丰富。

【春笋】

春笋是高蛋白、低脂肪、低淀粉、多粗纤维素的营养食材。现代医学证实，经常吃笋有助于缓解咳嗽、水肿、便秘等症状。但是由于笋性微寒，不宜有胃病和肾病的人多吃。笋与豆腐同吃容易产生结石，与羊肉同吃则可能中毒。笋也不宜与红糖同吃。

【焖】

焖是一种由"烧"演变而来的烹调方法，与"烧"、"煨"、"炖"很相近，指用小火长时间加盖焖烧。

【做法小贴士】
当油锅里的油冒起白烟时即有七八成熟。

健一公馆供稿

杭椒焖猪蹄

健一公馆供稿

【原料】猪蹄 3 只、杭椒 100 克
【调料】盐、冰糖、八角、葱、姜、香叶、老抽、料酒
【做法】
1. 将猪蹄洗净，放入沸水中，焯去杂质。
2. 用干净的布裹好葱、姜、八角和香叶，做成香料包备用。
3. 将焯好的猪蹄放入锅里，将香料包也放入锅里，加入老抽、料酒、盐，加入清水没过猪蹄，用高压锅炖 20 分钟。
4. 炖好后将猪蹄捞出，炒锅中倒入适量的油，加入冰糖，大火炒至糖液泛黄，等起泡后将猪蹄下锅，再加入杭椒翻炒。
5. 翻炒至糖汁均匀挂在猪蹄上时即可出锅。

【做法小贴士】
在做菜时，也可以用白糖代替冰糖。

【猪蹄】
猪蹄又名猪脚、猪手，含有丰富的胶原蛋白质，能够为人体补充胶原蛋白、增加皮肤弹性、防皱抗衰老，是极具美容功效的食材。另外，它还对女性有丰胸的作用，对儿童发育和防止中老年人骨质疏松有很大好处。
猪蹄不适合临睡前吃，容易令血液黏稠，且因其胆固醇含量较高，也不适合患有肝病、高血压、动脉硬化的病人吃。猪蹄不宜与甘草同吃，否则会引起中毒。

【杭椒】
杭椒是制作美味佳肴的好食材，呈羊角形，多为绿色，富含蛋白质、胡萝卜素、维生素 A、辣椒红素、辣椒碱以及铁、钙、磷等矿物质。用杭椒做菜有助于提升食欲。杭椒适宜与苦瓜、空心菜、白菜和鸡肉搭配食用，不宜与胡萝卜、南瓜、黄瓜和动物肝脏同吃。

【炖】
炖是指将经过加工的食材放入炖锅或其他陶瓷器皿中，添加充足的热水后用小火加热，使食材变得酥软熟烂的烹饪方法。

健一公馆供稿

【做法小贴士】
1. 这道菜也可以用牛后腿肉来做。
2. 切牛肉时，要注意横切。

杭椒爆牛柳

【原料】牛里脊肉 300 克、杭椒 300 克
【调料】盐、淀粉、蒜、生抽、蚝油、料酒
【做法】
1. 将牛肉切成长短、粗细大约与小指相同的条状，加入生抽、盐、少许淀粉和一勺油，拌匀后腌制 10 分钟左右。
2. 将杭椒洗净，去掉蒂头后斜切成小段备用，切之前可以用刀拍打几下，做菜时容易入味。
3. 将蒜切成蒜末备用。
4. 将炒锅烧热入油，待油微热时下入牛柳滑炒（锅里的油要能没过牛柳），当牛柳变色时将其捞起。
5. 牛柳捞起后，先将蒜末炒香，再将杭椒下到锅里。
6. 杭椒炒断生后，将牛柳下锅同炒，再加入少许料酒、蚝油即可出锅。

【牛肉】
牛肉性平味甘，胆固醇含量较高，因此不适合患有感染类疾病者或胆固醇高的人食用。牛肉适宜与洋葱、白萝卜、鸡蛋、芋头等食物同吃；不宜与韭菜、栗子、田螺、姜、猪肉和蜂蜜等同吃。

【断生】
断生即刚刚熟。

【油爆】
油爆是一种将加工成丝、片、丁等小件的原料以中量的油为传热介质，用旺火、热油快速将原料烹制至熟的烹调方法。

【滑炒】
滑炒是指将质地细嫩的主料，如鸡肉、鱼肉、精肉等切成丝、片、丁等小件，经过上浆、热锅温油，滑散断生后倒出沥油的炒法，而后通常需要另起锅，将主料、调料下锅翻炒成菜。其主料通常需要上浆、滑油。

【做法小贴士】
1. 基围虾的大小最好为每斤 30 个。
2. 在较大的超市里即可买到模具。
3. 在将虾卤熟时,卤汁需要没过虾。

水晶虾仁

【原料】新鲜基围虾 500 克、猪皮 1000 克、枸杞、香椿苗
【调料】麻油、清汤、卤汁、三合油
【做法】
1. 将猪皮去毛,打理干净,加上清汤,上火蒸 4 小时制成肉冻。
2. 将虾放在沸水中焯一下立刻捞出,接着放在卤汁中旺火卤熟,剥去虾壳。
3. 将卤熟去壳的虾洗净,用清水漂清捞起,沥干水分。
4. 将肉冻灌入模具中,再将虾用水煮熟(即焯一下),共同放入模具中,每个模具里放一只虾,再放入冰箱冷藏格中保存。
5. 用时取出点上三合油,再撒几颗枸杞,用香椿苗点缀,即可食用。

【特色】
这道菜属宫廷菜,成品晶莹剔透,含丰富的蛋白质和胶原蛋白,是一道美容养颜的佳肴。

【虾】
虾适宜与香菜、白菜、油菜、豆腐等食物搭配食用,不宜与猪肉、鹿肉、柿子、大枣同吃。吃虾时,不宜同吃维生素 C 含量高的食物,否则容易引起过敏、恶心甚至更严重的后果。

【卤汁的做法】
卤汁可以自制,也可以在超市中买到。这里提供卤汁的做法:
1. 将八角、肉蔻、桂皮、小茴香、草果皮、花椒、甘草、陈皮、丁香清洗干净后沥干水分,装入专门装料包的棉布袋中系紧封口制成香料包。如果没有棉布袋,也可以用纱布将以上材料包好扎紧。
2. 将香料包放入沸水中,加入生抽、料酒、盐、冰糖、葱、姜,再用文火煮沸,当锅中的卤汁颜色变成酱红色并透出香味后,就可以直接用来卤制原料了。
3. 制作卤汁以及用卤汁卤熟虾时,最好使用砂锅或陶锅,尽量避免使用铝锅,以免产生化学反应。
4. 只要所卤的不是味道很重的食材,卤汁通常可以重复使用 2～3 次,可以放入塑料袋密封后冷冻在冰箱里,并在下一次使用时拿出来加热解冻。另外,香料包应当单独捞出来,放在塑料袋中封好,放入冰箱冷藏备用。

健一公馆供稿

健一公馆供稿

烤鸡翅中

【原料】鸡翅中 500 克

【调料】盐、胡椒粉、孜然粉、蒜、生抽、麻油、蜂蜜

【做法】

1. 先在翅中的两侧用刀划开两道,再放在生抽中腌 5 分钟。将蒜切末备用。
2. 将腌好的翅中拿出来,涂上少许胡椒粉、盐、麻油、蒜末,然后放在铁锅里烙 1～2 分钟后取出。
3. 根据口味刷上少许蜂蜜,撒少许孜然粉,放入烤箱里烘烤即可。

【特色】

色泽鲜艳,香味浓郁,味道鲜美。

【鸡肉】

在烹饪鸡肉前,一定要注意去掉鸡屁股,因为那里有鸡的淋巴器官,聚集了大量细菌和致癌物质。鸡肉和栗子搭配食用,不仅味道鲜美,而且可以补血养身,尤其是老鸡和栗子,适于贫血的人用来进补;另外,鸡肉与枸杞、竹笋、木耳、油菜、洋葱等食物也是不错的搭配。需要注意的是,鸡肉不宜和甲鱼、鲤鱼、鲫鱼、兔肉、芹菜和糯米等食物一起吃。

橙香脆贝豆腐

【原料】豆浆、鸡蛋、菠菜叶、瑶柱、蟹味菇
【调料】盐、橙汁
【做法】
1. 将菠菜叶焯水切碎备用，将瑶柱泡发后切丝备用。
2. 按照1斤豆浆6个鸡蛋的比例，在豆浆中加入鸡蛋，再加入盐和焯好切碎的菠菜叶，在蒸锅里温火蒸15分钟，蒸成豆腐。然后将蒸好的豆腐取出凉凉后切块。
3. 将炒锅烧热入油，先将瑶柱丝下锅炸，呈金黄色后捞出，再将豆腐块上锅炸至外侧焦黄捞出，最后将蟹味菇炒好。
4. 将橙汁加热放在盘底，再放入做好的豆腐，放上炒好的蟹味菇，撒上炸好的瑶柱丝等辅料即可。

【特色】
口味酸甜，口感香酥软嫩，十分丰富。

【做法小贴士】
1. 瑶柱即干贝。
2. 瑶柱、蟹味菇等辅料可令菜肴的口感更加丰富，可以根据实际情况酌情增减辅料的分量和品种，也可以添加自己喜爱的辅料。

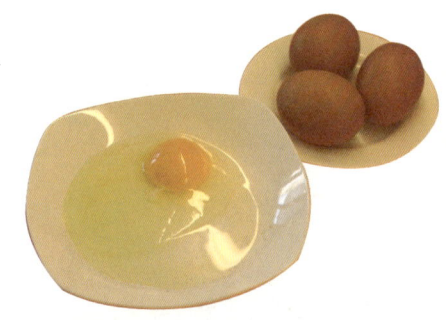

健一公馆供稿

草菇蒸鸡

【原料】鸡半只、草菇 10 个

【调料】盐、白糖、葱、姜、老抽、湿淀粉、鸡油、料酒

【做法】

1. 把草菇放入温水中，仔细清洗干净，置于碗内备用。
2. 将葱切段，姜切片备用。
3. 将碗内的草菇冲入开水，用盘子盖住，待草菇泡发后捞出。
4. 将半只鸡去骨，鸡肉切块，用老抽、料酒、盐、白糖、鸡油和湿淀粉腌制 15 分钟。
5. 将腌好的鸡肉放入小盆内，加入草菇、葱段、姜片。
6. 将小盆放入蒸锅，用旺火隔水蒸 20 分钟左右出锅，上桌前应将葱、姜挑出。

【草菇】

草菇质脆而鲜嫩，有浓郁的清香，含有蛋白质、粗纤维、脂肪、糖类和大量维生素 C，有降血压、清热养胃的功效。

【做法小贴士】

在清洗草菇时，要注意去掉根蒂，而后撕去表皮，再用清水漂洗数遍，将草菇中的泥沙彻底洗净。

健一公馆供稿

健一公馆供稿

【做法小贴士】
1. 芹黄是芹菜中间软嫩的部位。
2. 海米即干虾仁。

海米芹黄

【原料】芹黄 300 克、海米 60 克
【调料】香油
【做法】
1. 将海米用开水浸泡至完全发开，再将海米沥出，留下海米水备用。
2. 将芹黄切成约 4 厘米长的条状，放入海米水中浸泡入味后，捞出装盘码成垛形，上面淋上海米水，再撒上泡好的海米，滴少许香油即可。

【特色】
这道菜应选用上好的海米涨发，再选用芹菜中间口感最嫩的部位，用海米水浸泡入味，口感鲜香。芹菜里的膳食纤维是肠道的清洁工。此菜有排毒、助消化、降血压之功效。

【芹菜】
芹菜适宜与西红柿、豆腐、藕、核桃、牛肉和海米搭配食用。芹菜与大枣、核桃同吃也有较好的保健作用。芹菜不适合与黄瓜、大豆、鸡肉、兔肉、甲鱼和螃蟹一起食用。另外，芹菜性凉，也不适合脾胃虚寒者吃。需注意的是，芹菜不能与醋一起吃，否则容易造成牙齿的磨损。

【做法小贴士】
1. 蒜末要等到豆苗将炒好时放进锅里。
2. 是否加香油可以视个人的喜好而定，不加也可以。

清炒豆苗

【原料】豆苗500克
【调料】盐、味精、白糖、姜、蒜、香油
【做法】
1. 将豆苗洗净择好，控干水分备用。
2. 把少许姜去皮切丝备用，将蒜拍碎后切末备用。
3. 炒锅中倒入适量油烧热后，先将姜丝放进去煸炒，再放入豆苗，用旺火翻炒豆苗。
4. 豆苗变软时放入蒜末、盐、味精和白糖，再翻炒均匀，淋上少许香油即可出锅。

【豆苗】
豆苗颜色清新，是豌豆的嫩茎和嫩叶，富含胡萝卜素、维生素B和钙质。豆苗不仅美味可口，还有清热的功能，能够清除人体内的积热。

美极金钩炒蚕豆

【原料】蚕豆 200 克、海米 30 克、橙皮 20 克
【调料】盐、白糖、蜂蜜
【做法】
1. 将海米用温水泡发，然后沥干水分备用。
2. 将橙皮切丝后煮熟，加少许蜂蜜拌匀调味，然后在烤箱内烤至酥脆。
3. 将蚕豆去皮后洗净，放入锅内加水煮熟。
4. 将炒锅烧热，倒入油烧热，将海米、蚕豆依次下锅煸炒。
5. 加入盐、白糖后即可出锅，最后撒上橙皮丝。

【蚕豆】
蚕豆营养丰富，含有大量蛋白质，还有粗纤维、钙、铁、磷、维生素 B 等，食用蚕豆对脾和胃有好处。蚕豆不宜与菠菜一起吃。

健一公馆供稿

赛螃蟹

【原料】鸭蛋 4 个、黄鱼肉 300 克
【调料】盐、味精、姜、醋、香油
【做法】
1. 将 4 个鸭蛋打在一个碗里，蛋清蛋黄不分开，不打散。
2. 将黄鱼肉切丁后加盐腌制一下。
3. 姜切成细末，加醋、盐、味精和适量的水，调成姜醋汁备用。
4. 将炒锅烧热后多倒些油，用中小火烧热（油温勿过高），而后轻轻倒入鸭蛋液。待底部的蛋清开始变白、半凝固时，将蛋黄捅破，让蛋黄流出来，轻轻翻炒，当蛋黄半凝固时盛出备用。
5. 再将炒锅倒入适量油烧热，将姜和黄鱼丁下锅煸炒至七分熟，这时将炒好的鸭蛋下锅，淋上调好的姜醋汁后翻炒均匀，即可出锅。
6. 出锅后可以滴上少许香油调味。

欧阳雪供稿

【做法小贴士】

1. 如果不喜欢吃鸭蛋，也可以用5个鸡蛋来做这道菜。
2. 做这道菜一定要用中小火，且不宜过度烧炒，要保持蛋黄半凝固的状态，不要让蛋黄过熟，否则就不像蟹黄了。

欧阳雪供稿

【特色】

这道菜加入黄鱼肉，鲜嫩可口，口感极其接近蟹肉，而且含有丰富蛋白质、磷脂和维生素，是护肤美容的佳品。

【鸭蛋】

鸭蛋能够滋阴清肺，对心脏、肺和大肠都有好处。鸭蛋适合与百合、银耳同吃，不宜与甲鱼、桑葚和李子同吃。

【做法小贴士】

荔浦芋头产于桂林地区的荔浦县，是芋头中的上品。如果没有买到荔浦芋头，用其他芋头来做这道菜亦可。

绣芋头

【原料】荔浦芋头 500 克

【调料】白糖

【做法】

1. 将芋头上锅蒸熟，而后去皮，打成泥。
2. 将炒锅加热，入油烧热。
3. 将芋头泥用勺子舀出，放入油锅中炸，要炸得松软透亮，外焦里嫩。
4. 用炸好的芋头蘸白糖吃即可。

【芋头】

芋头富含蛋白质、胡萝卜素、维生素 C、维生素 B_1、维生素 B_2 以及铁、钙、磷等成分，营养价值极高，对各个年龄段的人都具有滋补的作用。芋头可以防龋齿，能够保护牙齿。但由于芋头中的淀粉含量极高，不适合患糖尿病的人吃。此外，芋头也不宜生吃。

健一公馆供稿

蓝莓山药架

【原料】山药 300 克、蓝莓酱
【调料】冰糖水
【做法】
1. 将山药去皮，切成约 5 厘米长，1 厘米宽的条状。
2. 将去皮后的山药条下入沸水中余熟。
3. 将山药捞出凉凉，在冰糖水中浸泡 1 小时左右。
4. 将经浸泡的条状山药按自己喜欢的方式码在盘中，用适量蓝莓酱淋在摆好的山药上面即可。

【特色】
这道菜甜而不腻、清新爽脆，特别是以山药之软糯混以蓝莓的清香，以山药之白璧无瑕配以蓝莓酱的深紫色，极具诱惑。

【山药】
山药清淡平和，有滋补的功效，适合各个季节食用。吃山药能健脾胃、养肺气，对肾也有好处。适合与山药同吃的食物有莲子、杏仁、鸭肉和羊肉。需要注意的是，吃山药时不适合同时吃鲫鱼、油菜、甘蔗、香蕉和柿子。

【做法小贴士】
1. 可以根据个人喜好决定放多少蓝莓酱，但是放多了容易过甜，使山药的香味难以品出，因此应适量。
2. 除了蓝莓酱，也可以根据自身爱好决定放其他的果酱，如草莓酱等。

健一公馆供稿

健一公馆供稿

回锅肉

【原料】猪五花肉 300 克

【调料】盐、味精、豆豉、葱、姜、老抽、甜面酱、料酒

【做法】

1. 煮半锅清水，放入姜片和葱段，水开后将带皮的五花肉放入锅里，大约10分钟即可煮熟。
2. 将肉捞出凉凉后，切成大约长5厘米、宽4厘米的薄片。
3. 将葱的葱叶部分用斜刀切成段备用，将豆豉切碎备用。
4. 将炒锅上火烧热，加适量油，用旺火烧。先将肉片下锅翻炒几下，再将葱叶、豆豉、甜面酱、料酒、盐、味精和老抽下锅继续翻炒1分钟左右，即可出锅。

【做法小贴士】

1. 在用沸水煮肉时，煮到断生的程度即可，不能过熟。如果想确定肉是否熟了，可以用筷子戳，能戳透就意味着熟了。
2. 选择五花肉时，要选择肥瘦相连、带有肉皮的。
3. 完成这道菜时，肉片应有四周微卷、鲜香扑鼻、肥而不腻的效果。

小拌菜心

【做法小贴士】
做这道菜时，可以根据个人喜好决定调料的种类和分量，可以撒上辣椒碎、葱末、姜末、蒜末，也可以加胡椒粉。

【原料】 新鲜菜心 200 克

【调料】 盐、鸡精、白糖、醋、生抽、香油

【做法】

1. 将新鲜菜心洗净，用斜刀切成约 3 厘米长的小段。
2. 把切好的菜心放入沸水中焯一下，捞出盛盘。
3. 加香油、醋、盐、白糖、生抽、鸡精后拌匀，即可上桌。

【特色】
清新爽口，健脾开胃。

健一公馆供稿

特制奶酪

【原料】牛奶1袋、鸡蛋清（牛奶和蛋清的比例应为5:1）、蓝莓酱

【调料】白糖

【做法】

1. 将鸡蛋的蛋清和蛋黄分离，取蛋清备用。
2. 将牛奶和蛋清倒在一起，加适量的白糖后，按顺时针方向搅拌。
3. 用勺子将搅拌产生的沫和杂质沿表面轻轻撇出。
4. 将奶液倒入干净的小容器中，盖好盖子，中火蒸15分钟左右。
5. 将蒸好的奶酪凉凉，在上面浇上薄薄一层蓝莓酱，再放入冰箱中保存，吃的时候取出即可。

【特色】

清香可口、滋腻爽滑，是适合四季食用的美容佳品。

【牛奶】

牛奶是人们生活中最常接触到的饮品之一，既可在用餐时饮用，也可以作为饮料。木瓜、苹果、草莓、桃、香蕉、甘蓝等是牛奶的佳配。要注意的是，牛奶不适合与山楂、乌梅、橘子等酸质水果同吃，也不宜与豆浆、豆腐、韭菜、巧克力等食物同吃。

【做法小贴士】

1. 蒸的时候，小容器的盖子应盖好，不要让水汽进入。
2. 可以根据个人口味，浇上自己喜爱的果酱或果汁。
3. 也可以将水果罐头中的水果切成小碎块，撒在奶酪的表面，再浇薄薄一层罐头汁。

尚荷居供稿

【原料】母鸡1只、鸡丁、瘦猪肉馅、熟火腿丁、虾仁、香菇、鲜荷叶、面粉、锡纸

【调料】盐、白糖、丁香、花椒、八角、葱、姜、生抽、黄酒、香油

健一公馆供稿

【做法小贴士】

1. 鸡以三黄（黄嘴、黄脚、黄毛）的母鸡为佳。
2. 在面粉里加盐，可以防止在微波炉烤制时面粉开裂。
3. 如果没有鲜荷叶，可以用开水焯一下干荷叶代替。

045
Kitchen in Four Seasons

【做法】

1. 将整鸡打理好，用葱段、姜末、生抽、黄酒、盐、花椒、八角，腌制约 1 小时。
2. 在盆里和面，并在面粉中加入 2 勺盐，和好后也放置 1 小时备用。
3. 将炒锅上火烧热，再倒入油烧热，放入葱末、姜末，再将备好的香菇切丁，与瘦猪肉馅、熟火腿丁、虾仁、鸡丁一起下锅翻炒，并加白糖、盐、黄酒和生抽，然后盛出备用。
4. 在鸡的两只翅膀下各放一颗丁香，将炒好的馅料塞满鸡腹，用新鲜荷叶包裹在外面，并用细麻绳扎紧。
5. 在荷叶包外面包好一层锡纸，再用和好的面均匀地包在外面。
6. 将处理好的鸡放入微波炉，调到烧烤档，烤制约 50 分钟；中途应将鸡取出翻一次身，再放在微波炉里继续烤。
7. 将烤好的鸡取出微波炉，去掉外面的面粉和锡纸，解开荷叶后即可装盘，只要淋少许香油即可。

【特色】

此鸡金黄澄亮，骨肉酥嫩，肉馅油润，香味浓郁，原汁原味，风味独特。

【有关叫化鸡的传说】

相传，很早以前，有一个叫化子，沿途讨饭流落到常熟县的一个村庄。一日，他偶然得来一只鸡，欲宰杀煮食，可既无炊具，又没调料。他来到虞山脚下，将鸡杀死后去掉内脏，带毛涂上黄泥、柴草，把涂好的鸡置于火中煨烤。待泥干鸡熟，剥去泥壳，鸡毛也随泥壳脱去，露出了香气扑鼻的鸡肉。

Summer

夏

夏季养生篇——绿树荫浓夏日长

适合夏季的食材——夏食清淡

夏季健康菜

夏季养生篇

一 季节与起居

1. 夏季的季节特点

　　夏季包括了立夏、小满、芒种、夏至、小暑、大暑共 6 个节气，也是一年四季中最热的季节。高温、高湿、多雨是这个季节最鲜明的特点，大雨倾盆更是常有之事。人的生理功能在这样的气候作用下也自然会表现出与其他季节截然不同的特征。

　　夏季的首要特点就是高温。当外界气温接近甚至超过人体体温时，就意味着体内的热量难以散发到外界，毛孔呼吸十分困难，体温不易得到调节，因此身体容易感到不适，甚至出现中暑的现象。

　　同时，伴随着高温天气，往往会产生空气湿度高的现象，而过于潮湿的空气在任何气温条件下，都会对人体产生不利的影响。

　　此外，夏季也多雨。在空气潮湿的多雨天，细菌更易滋生，人容易感到疲倦、消化不良、缺乏食欲，甚至出现胃肠炎、痢疾、腹泻等疾病，对人们的生活和工作造成一定影响。

2. 夏季的起居养生要点

　　在万物生长茂盛、雨水充沛的夏季，"热"从自然的角度体现了夏季的外部特征；而"夏长"则从养生学的角度呈现了生命力的旺盛。因此，在符合"夏长"的前提下，日常起居安排方面一定要注意保

护阳气，抓住阳盛于外的特点。

夏季起居要点包括以下三个方面：

首先，补充所需要及时。夏季饮食中蛋白质的比例一定要高，因为高温会加快人体组织蛋白的分解。另外，夏季新陈代谢快，水溶性维生素会随着汗液大量排出，因此也要多补充。

其次，调养心神是关键。苦瓜、苦菜，以及啤酒、茶水等可以适当食用、饮用，因为它们既能败火、醒脑提神，又能增进食欲、祛暑消炎，对脾胃也有一定养护作用。另外，一些含有生物碱类物质的苦味食品也适合食用，因为它们具有舒张血管、促进血液循环等药理作用。

最后，保脾胃而忌寒湿。西瓜、香瓜、芹菜等利水渗湿的食物，有生津止渴、消暑化湿和清热的功效，是夏季过湿天气的最佳选择。同时应当少吃油腻食物，适度选择一些温热为主的辣味食物。虽然夏季饮食应以清淡为主，但在闷热的环境下，辣味的食物能帮助人体排汗，增加凉爽舒适感，还可以增进食欲、促进消化、养护脾胃。

若要安稳地度过夏季，就要尽可能使内在机体与外在环境处于相适应的状态，在享受美味的同时，遵照一定的原则合理养生。

二　夏季食材

• 夏季宜吃的食物

1. 适当吃些清淡的食物

　　蔬菜的选择方面，应以苦瓜、黄瓜、小白菜、竹笋、冬瓜等为主。这些食物能有效减少因夏季暑热而导致的机体倦怠、乏力、消化功能减弱、胃脘不适、燥热等症状。鱼类的选择方面，应尽量吃青鱼、鲫鱼、鲢鱼。这些食物能有效预防肠道疾病和中暑现象。

2. 适当选择一些滋阴补气的食物

　　在夏季，可以适当进食西瓜、藕、鸭肉等补气养阴的食物，以及胡萝卜、菠菜、桂圆、荔枝、花生、番茄等滋阴补气的食物以清暑热、补元气。而不要由于天气炎热就吃很多生冷瓜果，容易损伤脾胃，造成机体寒凉。

3. 适当多吃清热解毒的食物

　　在阳气最盛的夏季，人体新陈代谢最为旺盛，为避免伤津耗气，应多吃茼蒿、芹菜等清热解毒的食物以及番茄、柠檬、猕猴桃等酸味的食物。

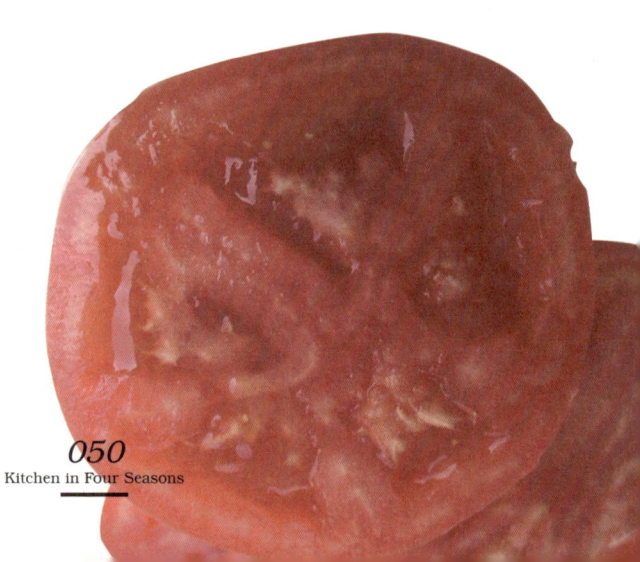

4. 补充盐分，多吃维生素含量高的蔬菜

　　夏季高温往往导致盐分过快蒸发，为补充身体所需盐分，应当多吃竹笋、香菜等富含维生素的蔬菜。

5. 预防疾病，经常吃杀菌食物

　　应常吃蒜、洋葱、韭菜、葱、香葱、青蒜等食物。因为夏季的高温天气为各种病菌的滋生和肆虐创造了条件，而这些食物对各种细菌和病毒有抑制甚至杀灭的作用。其中作用最突出的就是蒜。

•夏季忌吃的食物

　　夏季天气闷热，令人容易上火、烦躁、厌食。因此饮食宜清淡、清热解毒，忌食用温补、滋腻厚味的食物。

　　另外，夏季也是胃肠疾病多发期。因此应当少吃雪糕、冰激凌等，各种冷饮要尽量少饮用。值得注意的是，冷饮最好在晚饭后以及心情平静时吃，越是感觉燥热时越不应吃。

三　初、仲、晚夏饮食宜忌

1. 初夏的气候特点和饮食宜忌

从立夏开始，初夏时节天气变化无常，正所谓东边日出西边雨。前一分钟没有任何预兆，眨眼间天空就暗淡下来，风起云涌，没几分钟就开始下雨。在这样的天气特点下，如何才能保证机体的健康呢？首先需要考虑的就是饮食。

要本着清补的原则合理安排早夏的饮食。适合吃一些南瓜、冬瓜、鸡肉、鸭肉等低脂、低盐的食物。不适合吃偏热易升发且伤及精气的食物，如辣椒、花椒、胡椒、肉桂、干姜等，以及生冷的未经烹调处理的、易伤脾胃阳气的食物。

2. 仲夏的气候特点和饮食宜忌

仲夏时节是一年中阴阳气交的关键时期，也是人体进补和调治宿疾的最佳时期。此时，天气开始逐渐转热，直到闷热难挨。受暖湿气流影响，降雨也是常有之事，因此，仲夏是高热高湿天气的集中时期。

仲夏时节的饮食要本着清热解毒的原则合理安排。可适当多吃有助于醒脑提神、清热解闷，多维生素且清淡的食物，如莴笋、芹菜、苦瓜、莲子、百合等。应当少吃容易影响消化功能的油腻食物，如肥肉、油炸食品、烤食等。

3. 晚夏的气候特点和饮食宜忌

在酷热难当的晚夏时节，天气持续高温，进入一年中最炎热的时期。晚夏有小暑和大暑两个节气，更应注意伏暑天气对人体的影响。

这时应以清淡的原则指导晚夏的饮食选择，以防中暑、虚脱、食欲减退等症状出现。为避免体内阳气发散过快，可适当进补，如食用少许羊肉这样的温性食物来平衡机体寒热，防止暑气、湿邪气侵扰身体。

4. 适合夏季的烹饪方法

夏季可以选择的烹饪方法主要有凉拌、炒、煮、清蒸、煎、炸。调料宜加胡椒粉，味辛性热而无毒，有利于促进汗腺"排涝"。

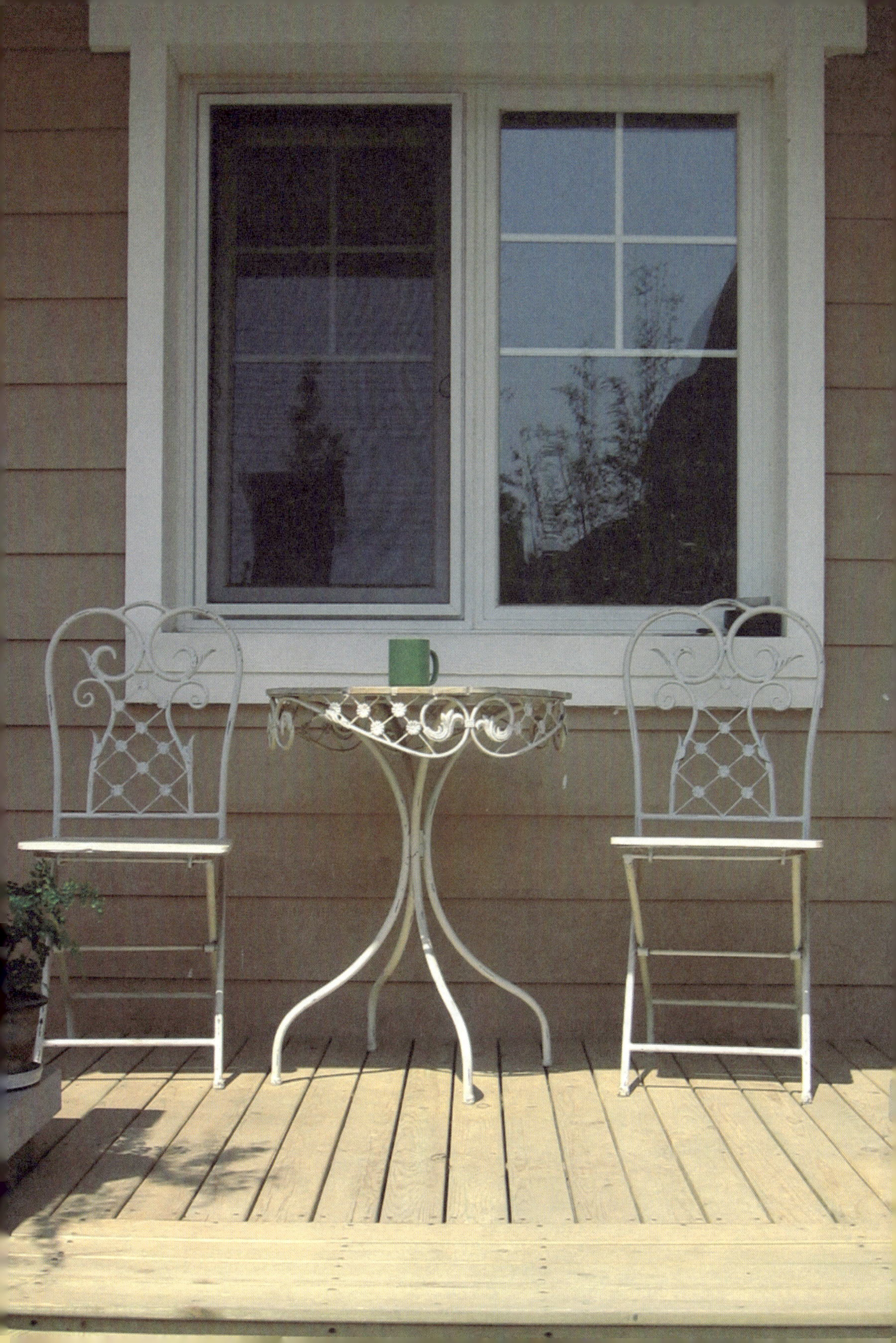

四　特别篇：夏季养心

在中医理论中，夏季是"心气"最为旺盛的季节。如果在夏季失于调养，那么便会伤及心脏，导致心烦意乱。心不平而气不和，人就会生病。因此在夏季，应当在修身、饮食、起居等方面多加注意，调养心性。

夏季养心有这样一些需要注意的事项：

1. 夏季闷热，可以常吃苦味，如苦瓜、苦菜等，以帮助消暑清热、醒脑提神，可谓福自"苦"中来。但应注意，食用苦味菜肴不宜过量，应酌情选用，否则可能引起恶心、呕吐等症状。

2. 在立夏之后，可以适当地食用一些清热解毒的食物。

3. 因为心属火，夏季心火旺盛，适合清补，可适当食用冬瓜、西瓜、藕、鸭肉等食材。这类食材不仅养心，还能补气养阴、消暑热。

4. 夏季的滞胀憋闷容易让人烦躁，产生消极情绪，对生活、工作造成不良影响。故而，在夏季不仅要调理饮食，还应当修身养性，戒骄戒躁，让心平静下来，排除烦闷，培养乐观积极的生活态度，保持愉悦的心情。

总之，养心一定要全面，相应的食材选择也必须十分讲究，才能达到事半功倍的效果。

下面推荐几种夏季养心菜品，供大家选择。

第一道：鲫鱼豆腐汤

【原料】 鲫鱼、紫菜、豆腐

【调料】 盐、姜、生抽

【做法】

1. 将鲫鱼的鱼鳞、内脏去掉，洗净备用。
2. 将紫菜放入清水中浸泡大约15分钟，将豆腐切成约1厘米见方的块状。
3. 将锅内倒入油烧热，放入去鳞洗净的鲫鱼，然后用文火煎炸，到鱼的表面微黄为止。
4. 将煎好的鲫鱼和适量姜放入适量开水中，用大火烧开10～15分钟，再加入豆腐、紫菜、少量盐和生抽煮5分钟左右，即可出锅。

【特色】

在炎炎盛夏，这道汤品可以养心清火，且味道鲜美。

第二道：桂圆童子鸡

【原料】 童子鸡、桂圆肉
【调料】 盐、姜、葱、料酒
【做法】
1. 将童子鸡打理干净备用。
2. 往锅内倒入水，烧至沸腾，将准备好的童子鸡放进沸腾的水中氽一下，然后捞出来置于汤锅中。
3. 往汤锅中加入清水、盐、料酒、桂圆肉、姜片和葱段。
4. 将一切准备停当的汤锅放上蒸笼，蒸大约 1 小时。
5. 食用前将里面的姜片和葱段挑出来即可。

【特色】
童子鸡有安定心神和补气益血的作用，在夏季食用可养心。

第三道：桂圆粥

【原料】 糯米、桂圆肉、大枣、莲子
【调料】 白糖
【做法】
1. 把糯米、桂圆肉、大枣和莲子淘洗干净放进锅里。莲子应去心。
2. 锅里加适量水，用文火熬煮成粥。
3. 在粥里根据个人喜好加入白糖即可。

【特色】
桂圆能安神养血、补益心脾，因此这道粥非常适合有月经失调、劳伤心脾、思虑过度、健忘失眠等症状的人食用。

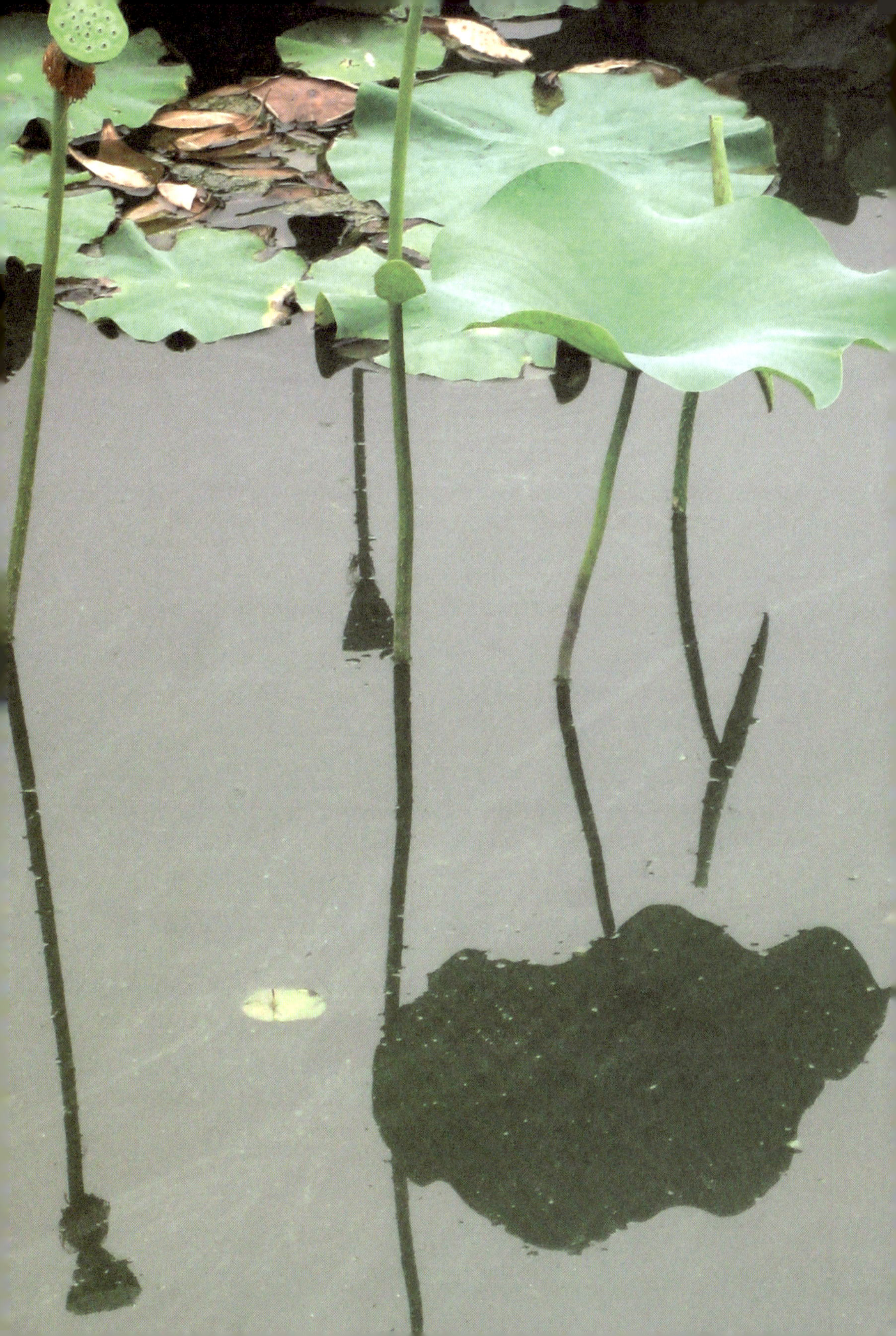

夏季推荐食材

- 黄瓜 —— 黄瓜是夏季的主菜之一,含水量极为丰富,不但口感脆嫩清香,汁多味甘,而且营养丰富,含有蛋白质、糖类、脂肪、纤维素和多种维生素,还有钾、钠、镁、钙、磷、铁等矿物质。

- 西红柿 —— 西红柿含有丰富的维生素C、胡萝卜素和番茄红素等,被称为"神奇的菜中之果"。中医学认为西红柿性微寒,味甘酸,有生津止渴、凉血养肝、健胃消食、清热解毒、降血压等诸多功效,多吃西红柿可以抗衰老。

- 冬瓜 —— 冬瓜的瓜肉雪白,在炎热的三伏天十分悦目。冬瓜富含维生素C、铁、钙、磷,味甘淡、性凉,有利尿、降血压的功效,在夏季食用可以解渴消暑、预防痔疮、消除水肿。

- 茼蒿 —— 茼蒿中的胡萝卜素含量很高,仅次于菠菜,还含有丰富的氨基酸和维生素,有显著的养颜美容、消食开胃的功效。茼蒿中充足的维生素C可预防感冒,所含的钾能利尿、降血压,丰富的膳食纤维可以促进肠胃蠕动。此外,茼蒿气味芬芳,具有安心养神、降压补脑的功效。

- 小白菜 —— 小白菜又名青菜,幼苗叫鸡毛菜,它所提供的维生素、胡萝卜素、钾、钙等有效成分高于大白菜,能够有效增强身体抵抗力、预防感冒、防止皮肤和黏膜老化、利尿、降血压,还可促进排便。

- 苦瓜 —— 苦瓜又名凉瓜,是适合夏季食用的重要蔬菜,有消暑去热的功效。苦瓜中维生素C、维生素A和钠、钾、钙、镁、锌等矿物质的含量均很高。苦瓜有助于降血压和血糖。中医学认为食用苦瓜能够除邪热、解劳乏、清心明目、益气壮阳。

- 茄子 —— 茄子清热解暑,能有效促进伤口愈合。茄子中的维生素含量丰富,经常食用能对高血压、冠心病及其他心血管疾病起到良好的防治作用,适量生食还能取得排油瘦身的效果。

• 豆角 —— 豆角性平，化湿补脾，含有丰富的维生素 B、维生素 C 和植物蛋白质。食用豆角有助于调理人的消化系统，能有效缓解食积气胀、呕吐腹泻等症状，还利于平静心情。豆角还对急性肠胃炎有防治作用。

• 青蒜 —— 青蒜又名蒜苗，是蒜的幼苗。青蒜性温味辛，含有蛋白质、胡萝卜素、核黄素等成分，有杀菌、消食的作用。青蒜不宜一次吃过多，会对肝脏和视力造成影响。

• 香菜 —— 香菜中含有胡萝卜素、维生素 B_1、维生素 B_2、维生素 C，以及含量远高于西红柿的铁、锌等矿物质。中医认为香菜气味芬芳、性温味甘，具有补脾健胃、通大小肠积气、利尿、解毒的功效，适合常有胀气或食欲不振的人食用。

• 鸭肉 —— 鸭肉中的脂肪含量低且分布均匀，含有较多的 B 族维生素和维生素 E，且含有钙、磷、铁、烟酸等。食用鸭肉对眼睛、皮肤、毛发都有好处，还有利于缓解大便干燥和水肿的症状。

• 兔肉 —— 兔肉质地细嫩，属于高蛋白质、低脂肪、少胆固醇的肉类，兔肉中的蛋白质含量高于其他肉类，而脂肪、胆固醇的含量却低于其他肉类，故有"荤中之素"的说法。由于兔肉有助于保护皮肤弹性，又容易消化吸收，因此适宜老人食用，也受到女性的青睐。

• 青鱼 —— 青鱼是淡水鱼中的上品，鲜美细嫩，富含蛋白质、脂肪、核酸、磷、铁、钙，有抗衰老的功效。中医认为青鱼性平味甘，能够益气化湿、明目、养胃。青鱼适合患有水肿、动脉硬化、肝炎、肾炎等病症的人食用。应当注意的是，青鱼不能与李子同食。

• 鲢鱼 —— 鲢鱼含有丰富的胶质蛋白，是女性滋养肌肤和头发的理想食物。鲢鱼富含维生素 B 群，清淡鲜美。中医学认为它味甘性温，除了养颜乌发之外，还具有补气润肺、暖胃健脾、消除水肿的功效，适合胆固醇高、血压高的人群食用。

夏季菜做法

西米露

【原料】西米、香蕉
【调料】樱桃、椰奶
【做法】
1. 将西米放入温水中煮，水开后再用小火煮，煮熟后沥出西米放入冰水中。
2. 香蕉切块放入西米中，加入椰奶，最后用樱桃点缀。

【特色】
在炎炎盛夏中，这道饮品可以消暑止渴。

【做法小贴士】
1. 西米可以在超市中买到。
2. 做这道饮品时要煮成半透明状。

欧阳雪供稿

白灼基围虾

健一公馆供稿

【原料】基围虾 500 克

【调料】葱、姜、老抽、醋、料酒

【做法】

1. 将虾洗净，剪去虾须、除去沙线后备用；将葱、姜切成碎末备用。
2. 将虾和料酒倒入沸腾的水中烹煮，在虾刚熟时迅速捞出，盛在盘中上桌。
3. 将老抽、醋与葱末、姜末混合，盛在小碟内上桌。
4. 食用的时候，应当剥掉虾壳，用虾肉蘸调料食用。

【特色】

色泽鲜艳、鲜美爽口。

【基围虾】

基围虾是海虾的一种，形态像对虾，但不如对虾大，虾壳也比较软。基围虾肉质鲜美可口、营养丰富、广受欢迎。在吃基围虾时，应当注意去掉虾须，挑去沙线。

【白灼】

白灼是指用煮沸的水或者汤，将生的食物快速烫熟的烹饪方法。白灼的菜品具有色泽素雅、脆嫩爽口的特点。白灼要求原料生鲜。

冰镇黑木耳

【原料】新鲜黑木耳 300 克（水发黑木耳亦可）
【调料】盐、鸡精、清汤、香油
【做法】
1. 将黑木耳用冷水泡发，洗干净后，用开水焯一下备用。
2. 将炒锅大火烧热后入油，油热后，将黑木耳下锅翻炒。
3. 在黑木耳即将炒好时，加入盐、鸡精，再加少许清汤。
4. 用小火将黑木耳烧软后，将之起锅装盘，淋上少许香油。
5. 待黑木耳自然冷却后，放入冰箱冷藏室内，可随时取出食用。

另一种做法

【原料】新鲜黑木耳 300 克（水发黑木耳亦可）、黄瓜 200 克、青椒 1 只
【调料】盐、鸡精、白糖、蒜、醋、花椒油、香油
【做法】
1. 将黑木耳清洗干净，撕开成小片。
2. 将青椒和黄瓜洗净，切成细丝。
3. 将蒜切成碎末备用。
4. 将黑木耳、黄瓜丝和青椒丝分别下到沸水中焯一下，捞出凉凉。
5. 将焯好的黑木耳、黄瓜丝和青椒丝盛入盘中，加上蒜末、花椒油、鸡精、醋、香油、白糖、盐，搅拌均匀即可。

【做法小贴士】
1. 如果没有高汤或松子，那么不放也可以。
2. 在制作调料时可以根据个人口味进行调配，除了此处提供的调料外，还可以加入白糖或冰糖调味。
3. 如果有条件，可以在盘中先铺上一层冰屑，再将芥蓝码在上面。
4. 也可以将芥蓝切段。

健一公馆供稿

冰镇芥蓝

【原料】芥蓝 300 克
【调料】盐、鸡精、淀粉、松子、生抽、高汤
【做法】
1. 把芥蓝洗干净，斜刀切片备用。
2. 往锅里加水，放入盐后煮沸，然后将芥蓝入锅焯一下。
3. 将芥蓝从锅里捞出来后，过冷水，而后装盘放入冰箱冷却 15 分钟左右。
4. 往炒锅中倒适量油加热，先把松子下锅炒香，然后盛出置于碗中，再加入高汤、盐、鸡精、生抽调好，最后放淀粉。
5. 把调好的料也放入冰箱 15 分钟，即可用于蘸食。

【特色】
这道菜做法简单，非常适合普通家庭做。口感清淡，色泽翠绿，营养丰富。
【芥蓝】
芥蓝微带苦味，具有清心、明目、解除劳乏、消暑解热的功效，特别适合人们在夏季食用。由于它含有大量膳食纤维，对防止便秘、降低胆固醇也很有好处。

健一公馆供稿

064
Kitchen in Four Seasons

【做法小贴士】

可以根据个人的喜好，增加、减少或改变水果的种类和分量，制作出最适合自己心意的鲜花水果沙拉。另外，鲜花只是用于装饰，注意不要食用。

鲜花水果沙拉

【原料】火龙果、香瓜、西瓜、哈密瓜各适量、鲜花1朵

【调料】沙拉酱

【做法】

1. 将新鲜的火龙果、西瓜、香瓜和哈密瓜分别去皮，果肉切成约1厘米厚的菱形块状各6块。
2. 取一个平盘，将6块西瓜块呈放射状码放整齐。
3. 西瓜块上面依次码放哈密瓜、香瓜和火龙果各6块，可以每层错开摆放。
4. 在摆好的水果上淋上沙拉酱，周围点缀花瓣，即可上桌。

【特色】

这道菜色彩鲜艳，赏心悦目，清新爽口。

【吃水果的窍门】

水果也有温性、热性和寒性、凉性之分。举例来说，温性、热性的水果有荔枝、大枣、橘子、樱桃、核桃、栗子等，它们的糖分含量较高，能增加人体的热能，有祛寒补虚的效果。寒性、凉性的水果有草莓、香蕉、芒果、苹果、梨、橙子、柚子等，它们的糖分含量较低，能令人体热能下降，有滋阴清热的功效。在吃水果时，将这两种类型的水果搭配来吃，对健康很有好处。

健一公馆供稿

韭菜鲜百叶

【原料】百叶 250 克、韭菜 150 克、红辣椒 1 只
【调料】盐、味精、色拉油
【做法】
1. 将韭菜择好，洗净后切成 2～3 厘米长的小段。
2. 用开水浸泡百叶，直至其变软，并将泡软的百叶切丝。
3. 将红辣椒洗净，切丝备用。
4. 将炒锅烧热，倒入适量的色拉油。当油烧热后，将百叶丝下锅迅速翻炒几下，再将韭菜下锅同炒。
5. 炒的过程中，在韭菜上洒上几滴清水。韭菜将熟时加入盐和味精，并撒上辣椒丝作为点缀即可。

【特色】
这道菜开胃健脾，可以补充营养；但胆固醇含量较高，不宜常吃，也不宜多吃。
【韭菜】
韭菜营养丰富，对肝、胃和肾都很有好处，适合与虾、猪肉炒在一起，但是不适合与牛肉、蜂蜜同吃。
【百叶】
牛百叶即牛肚，性温，具有养脾胃的功效，适合消化力较弱、气血不足的人食用。

【做法小贴士】
炒的时候注意不要将韭菜炒烂，当韭菜变得翠绿欲滴时，要马上出锅。

酒酿马蹄

【原料】 马蹄 300 克

【调料】 白糖、醪糟、桂花糖汁、白酒

【做法】

1. 将马蹄清洗干净,去掉外皮,切成喜爱的形状。
2. 在醪糟中加入少量白酒、适量白糖、桂花糖汁和凉开水,制成糖汁。
3. 将马蹄放在糖汁中浸泡 15 分钟,即可码入盘中上桌。

【马蹄】

马蹄即荸荠,含有大量的糖分、水分,以及蛋白质、多种维生素等营养物质,有清热开胃、化痰、解酒的功效,非常适合夏季食用。荸荠适合与杨梅、胡萝卜、白萝卜、香菇、蘑菇、木耳等食物搭配同吃。但是要注意的是,马蹄不适合胃寒的病人和糖尿病患者以及处于生理期的女性食用。

健一公馆供稿

大拌菜

【原料】生菜、黄瓜、紫甘蓝、圣女果、彩椒
【调料】盐、味精、白糖、蒜、生抽、醋、麻酱、辣椒油、香油、花椒油
【做法】
1. 将各种蔬菜洗净放入盘中,生菜、紫甘蓝应当撕开,黄瓜用斜刀切片。
2. 将生抽、香油、醋、盐、味精、花椒油和白糖放在碗中搅拌均匀。
3. 将调好的调料浇在菜上,搅拌均匀后即可上桌。

【特色】
色彩鲜艳,口感爽脆,养生开胃。

另一种做法

这道菜也可以用麻酱汁来拌,麻酱汁的做法:
将适量麻酱放在碗中,先加少许清水,再加入香油拌匀,然后加入辣椒油、花椒油,拌匀后加入生抽和醋,以及蒜末、味精、盐和白糖,充分搅拌均匀后浇在菜上即可。

【甘蓝】
甘蓝就是人们常说的圆白菜,具有补肾和健胃的功效。胃弱、肾亏的人多吃甘蓝很有好处,但是患有甲状腺肿大的病人要忌食甘蓝。

【黄瓜】
黄瓜是非常适合夏季食用的蔬菜,具有清热解暑、生津止渴和利尿等功效。但是由于黄瓜性凉,因此不适合患有胃寒胃痛的人食用。另外,黄瓜会破坏菜中的维生素C,因此不适合与维生素C含量高的辣椒、菠菜、大枣等同吃。

健一公馆供稿

【做法小贴士】

1. 在制作这道菜时，可以按照个人的喜好来决定放哪些蔬菜，以及各种菜的比例。各种调料的分量也可以根据个人的喜好和需要来放，如用沙拉酱代替生抽、醋、香油等调料。
2. 除了夏季，在其他季节也可以用时令蔬果来制作这道菜，如在冬季把生菜换成白菜等。
3. 可以撒上少许蒜末调味。

健一公馆供稿

豆豉鲮鱼苦瓜

【做法小贴士】
1. 因为豆豉鲮鱼罐头本身就很咸，因此在做这道菜时不用放盐。
2. 苦瓜和豆豉鲮鱼罐头的比例和分量可以根据个人的喜好决定。

【原料】苦瓜2根、豆豉鲮鱼罐头1盒
【调料】白糖、香油
【做法】
1. 将苦瓜洗净，对半剖开，去掉里面的瓜芯，然后斜刀切片。
2. 将切好的苦瓜用开水焯一下，凉凉备用。
3. 打开豆豉鲮鱼罐头，倒出里面的豆豉鲮鱼备用，并将鲮鱼稍稍掰碎。
4. 将炒锅上火，倒入少许油烧热。
5. 将苦瓜与豆豉鲮鱼一起下锅翻炒，在将熟的时候加一小勺白糖，滴少许香油即可出锅。

【苦瓜】
苦瓜具有天然的苦味，也是适合在炎热夏季食用的蔬菜，有清凉解暑之功，但是不宜多吃，尤其不适合脾胃虚寒和有腹泻症状的人食用。

【豆豉】
豆豉性味平和，诸病无忌，且具有解鱼腥毒的功效。

老醋蜇头

【原料】新鲜海蜇头 200 克

【调料】盐、鸡精、砂糖、蒜、香菜、生抽、醋、香油

【做法】

1. 将蜇头在清水里浸泡 4 小时，仔细地清洗，去掉里面的泥沙后切片。
2. 将切好的蜇头放入热水中略烫一下，迅速捞出，再过凉水后备用。
3. 将蒜拍碎后切成蒜末；香菜洗净后切碎备用。
4. 将蜇头码入盘中，撒上少许蒜末和香菜碎，再加入盐、砂糖、生抽、鸡精、醋和香油，拌匀后即可食用。

【海蜇】

海蜇富含碘和人体必需的多种营养成分，对肝和肾都有好处，但是它不适合与辛热的发物搭配食用，用海蜇做的菜也不适合加白糖，最好用砂糖代替。

【做法小贴士】

1. 蜇头往往带着细沙，需要反复清洗干净才能食用，因此在处理蜇头时要特别注意这一点。
2. 这道菜中可以根据个人的喜好加入白菜丝、胡萝卜丝、黄瓜丝等，口感会更加清爽鲜脆。

健一公馆供稿

健一公馆供稿

凉拌苦菊

【原料】苦菊 250 克
【调料】盐、鸡精、白糖、生抽、醋、香油
【做法】
1. 将苦菊根部切掉，择洗干净，并从中间切成两段后盛盘。
2. 制作调料，在碗里放入适量的盐、鸡精、醋、生抽、白糖和香油。
3. 将苦菊和调料一起上桌，蘸食即可。

【苦菊】
苦菊颜色碧绿，甘中带苦，含有蛋白质、糖分，以及多种维生素和矿物质。具有清热去火、消炎明目的功效，适合夏季食用。

【做法小贴士】
1. 做这道菜时，如果用镇江香醋，味道更佳。
2. 在做这道菜时，可以根据个人的喜好决定调料的比例和成分，还可以加入炒好的花生碎、辣椒末等调料，味道会更香。

另一种做法

【原料】苦菊 250 克
【调料】盐、鸡精、白糖、蒜、醋、香油
【做法】
1. 将苦菊根部切掉，择洗干净，并从中间切成两段。
2. 将蒜拍碎切成蒜末备用。
3. 将苦菊盛盘，然后放入盐、鸡精、醋和白糖，搅拌均匀，最后撒上蒜末。
4. 烧热炒锅，加热少许香油，再将热香油浇在苦菊和蒜末上，拌匀即可。

【做法小贴士】
1. 在超市即可买到萝卜干。
2. 由于萝卜干本身带有咸味和甜味，因此在做这道菜时不用多放盐，少许即可。
3. 做这道菜时，可以根据个人口味，放入辣椒末调味。
4. 这是一道有开胃功效的小菜，也可以加入其他配料，如肉丝、香干等，别有风味。

健一公馆供稿

毛豆萝卜干

【原料】萝卜干200克、毛豆200克、红辣椒1只
【调料】盐、葱、姜
【做法】
1. 将毛豆剥好备用，萝卜干切丁备用。将萝卜干在清水中浸泡1小时左右，去掉盐分。
2. 切一些葱末和姜末备用。
3. 将红辣椒洗净，切丝备用。
4. 将毛豆放入沸水中，用小火煮10分钟左右后捞出。
5. 将炒锅加热，倒入适量油，油热后，先将葱末和姜末下锅炒香，然后将毛豆和萝卜干下锅同炒，翻炒约1分钟，最后加入少许盐调味，撒上红辣椒丝作为点缀，即可出锅。

【毛豆】
毛豆即新鲜的大豆，味道鲜嫩，具有健脾、补血、利尿的功效，但是不适合患有痛风、腹胀等病症的人吃。另外，毛豆也不宜和猪肝同吃，否则容易造成高胆固醇。

酸辣凉粉

【原料】绿豆淀粉约 150 克
【调料】盐、味精、白糖、芝麻、葱、蒜、姜、香菜、生抽、醋、辣椒油、香油
【做法】
1. 将绿豆淀粉倒入锅中，加入约 1 升水后搅拌均匀。
2. 将锅放在灶台上，用文火煮沸，一边煮一边用筷子慢慢搅动。
3. 当锅里的浆液被煮至透明时，即可关火，并将浆液倒入方形的餐盒中。
4. 浆液冷却后，就成为透明的胶质，即凉粉。
5. 将凉粉平铺在案板上，切成条状，然后码入盘中。
6. 将葱切成葱末，蒜拍碎切成蒜末，并且预备少许香菜碎。
7. 将白糖、味精、醋、盐、生抽加入盘中，撒上葱末、芝麻、姜末、蒜末和香菜碎，再滴几滴香油和辣椒油后拌匀即可。

【做法小贴士】
1. 凉粉在超市可以买到现成的。
2. 这道菜中可以加入蒜末、黄瓜丝，口感会更加清爽可口。

健一公馆供稿

拌笋尖

【原料】 春笋 300 克、芹菜 200 克、彩椒半只

【调料】 盐、鸡精、姜、葱油、香油

【做法】

1. 将芹菜择洗好切成丝，彩椒洗净切丝，春笋也洗净切丝。
2. 将芹菜、彩椒和春笋分别放入沸水中焯一下，然后捞出，放入同一盘中。
3. 在盘中加入姜末、香油、葱油、鸡精、盐，将其拌匀即可。

【特色】

味道鲜美，清香爽口。

【做法小贴士】
1. 因为咸鱼本身就很咸，所以做这道菜时不用放盐。
2. 做这道菜时，也可以根据个人口味，加入少许辣椒或辣椒酱。

咸鱼毛豆仁

【原料】咸鱼 1 段、毛豆 300 克
【调料】味精、白糖、姜
【做法】
1. 将咸鱼在清水中浸泡约 2 小时，去掉部分咸味并泡软，然后捞出切成块状备用。
2. 将毛豆剥好，清洗干净后，下入沸水锅中，用小火煮 10 分钟左右后捞出，用水冲凉。
3. 将一小块姜去皮切丝备用。
4. 将炒锅烧热，倒入适量油，油热后先将姜丝下锅炒香，然后将毛豆、鱼块一起下锅翻炒。
5. 翻炒约 1 分钟后，加入适量的白糖、味精，即可出锅。

健一公馆供稿

另一种做法

【原料】咸鱼 50 克、毛豆 300 克
【调料】味精、胡椒粉、姜、蒜、豆豉酱
【做法】
这道菜也可以通过自制咸鱼豆豉酱来达到调味的效果。
1. 毛豆剥好，清洗干净后，下入沸水锅中，用小火煮 10 分钟左右后捞出，用水冲凉。
2. 咸鱼豆豉酱做法如下：
（1）将 50 克咸鱼在清水中浸泡约 2 小时，然后捞出后切成小块备用。
（2）将 20 克蒜拍碎切末，将 20 克姜洗净去皮切成姜末。
（3）将 100 克油倒入炒锅，烧热倒出备用。
（4）在炒锅中倒入适量油烧热，将咸鱼、豆豉和姜末下锅炒香并捣成泥，再倒入热油、蒜末以及少许味精、少许胡椒粉，调匀即可。
3. 这时将毛豆倒入炒锅中与咸鱼豆豉酱一同翻炒，1～2 分钟后即可出锅。

健一公馆供稿

南瓜汁豆腐羹

【原料】嫩豆腐 300 克、南瓜 300 克
【调料】盐、味精、白糖、湿淀粉、清汤
【做法】
1. 将南瓜洗净切块，将嫩豆腐洗净切成小块备用。
2. 将南瓜块放在锅里加水煮熟，待南瓜块熟透时捞出，将南瓜肉从瓜皮上刮下来捣烂成泥备用。
3. 将切好的嫩豆腐放到水中焯一下，捞出备用。
4. 将炒锅烧热，倒少许油烧热后，加入清汤烧开，再将南瓜泥、豆腐块下锅同煮。
5. 在锅里加入盐、味精和白糖，用湿淀粉勾芡，煮沸后用小火煮约 5 分钟即可出锅。

【特色】
这道菜口感细腻，咸鲜中微带甜味，夏季食用，有清热润肺之功效。

【南瓜】
南瓜补中益气、降血糖，对脾胃有很大好处，适宜患有高血压、冠心病、糖尿病、肥胖症的人群食用。适合与山药、绿豆、红豆、莲子、大枣同吃，但是不宜与羊肉、猪肝以及荞麦同吃。

【做法小贴士】
1. 煮南瓜时，不要加很多水，大约在水沸后 20 分钟关火，只要不让锅里的水烧干即可。
2. 南瓜煮好后，锅里的水也可以倒出，与南瓜泥一起下入炒锅同煮。

百合金瓜

【原料】金瓜 150 克、百合 150 克
【调料】白糖、沙拉酱、蜂蜜
【做法】
1. 将金瓜切成三角形后焯到七八成熟，然后捞出，摆在干净的圆盘中，绕盘摆一圈。
2. 将百合洗净，浇少许蜂蜜，再加入少许的沙拉酱和白糖一起搅拌均匀。
3. 将拌好的百合放在金瓜的圆盘中即可上桌。

【特色】
这道菜甜香脆嫩，是适合夏季的佳肴，还有美容的作用。

【百合】
百合能养心、润肺、止咳，适合患有慢性支气管炎、肺气肿的病人食用，还对治疗失眠、神经衰弱有好处。但是不适合伤风感冒时食用。

【金瓜】
金瓜的形状与南瓜相似，但是比南瓜要小，瓜皮呈金红色。金瓜也被视为南瓜的一种，民间也称其为"北瓜"。金瓜对哮喘有治疗作用。

尚荷居供稿

健一公馆供稿

> **【做法小贴士】**
> 1．在购买心里美萝卜时，较重的心里美萝卜通常较为新鲜，水分也足。
> 2．可以根据个人喜好确定各种调味料的分量和比例，还可撒上香菜碎或加上少许芥末。由于萝卜本身带有丝丝甜味，因此盐应当少放。
> 3．可以将心里美萝卜切成其他喜爱且易搅拌的形状，如切成半月形薄片或切丝等。

水乡脆萝卜

【原料】心里美萝卜300克
【调料】盐、鸡精、冰糖、生抽、香醋、香油、花椒油
【做法】
1. 将心里美萝卜洗净削皮，切成尽可能薄的薄片，放入盘中。
2. 加入冰糖、香醋、鸡精、花椒油、盐，再滴上几滴生抽和香油。
3. 通过搅拌，让每一片萝卜均匀地沾上调料，再将萝卜片在盘中码好，即可上桌。
【特色】
这道菜甜脆咸鲜，清爽开胃，非常适合在炎热的夏日用来佐餐。

另一种做法

【原料】心里美萝卜300克
【调料】盐、花椒、芝麻、蒜、香醋、香油
1. 将心里美萝卜洗净削皮，切成尽可能薄的薄片，放入盘中，码成漂亮的形状。
2. 取3瓣蒜，拍碎切成蒜末，撒在码好的萝卜上。
3. 将炒锅烧热，倒入少许油，油热后放入几粒花椒炒香。然后将花椒取出，将热油浇在盘中的萝卜和蒜末上，再加入少许盐、香醋，滴几滴香油，撒上芝麻后即可。
【心里美】
心里美萝卜富含纤维素，能帮助胃肠消化，因此有减肥之效。心里美萝卜中含有花青素，因此在食用时如果加少许醋，不仅有消毒作用，颜色也会更加美丽。但不适合与胡萝卜以及富含维生素C的水果同吃。

豆角炒肉丝

【原料】瘦猪肉 150 克、豆角 300 克、红辣椒 1 只

【调料】盐、味精、葱、姜、湿淀粉、料酒

【做法】

1. 将猪肉清洗干净后切成 3～4 厘米长的肉丝，用湿淀粉和盐腌制约 30 分钟。
2. 将豆角择好、洗净后用斜刀切成丝，在沸水中烫透，捞出后过凉水备用。
3. 将葱、姜、红辣椒洗净，葱切末，姜切丝，辣椒切丝。
4. 将炒锅烧热，倒入适量油，油烧温后，将腌制好的肉丝下锅煸炒几下后捞出备用。
5. 将葱末和姜丝下锅炒香，再将肉丝和豆角丝下锅煸炒，接着加入盐、料酒和味精，并用湿淀粉勾芡，最后撒上辣椒丝调味即可。

【豆角】

豆角性平味甘，诸病无忌，具有健脾胃、补肾的功效，适合夏季和秋季食用。适合的做法有炒、油焖、凉拌和做馅。需要注意的是，生豆角有毒，因此在吃的时候一定要令其熟透。

【做法小贴士】

1. 用开水烫豆角时一定要完全烫熟，否则容易食物中毒。
2. 如果条件允许，可以加入少许高汤，味道将更加鲜美。
3. 如果不喜欢吃辣，也可以不放辣椒丝。

健一公馆供稿

尚荷居供稿

麻酱油麦菜

【原料】油麦菜 200 克、麻酱 20 克

【调料】盐、味精、香油

【做法】

1. 取 20 克麻酱，加入 50 克左右的清水，搅拌均匀备用。
2. 将油麦菜洗净后切成小段，加入盐、味精。
3. 将备好的麻酱浇在油麦菜上面，拌好后滴少许香油即可。

【油麦菜】

油麦菜又名莜麦菜，富含维生素、蛋白质和矿物质，质地脆嫩、口感清香。油麦菜能润肺止咳，有助于降胆固醇、降血脂，是一种适合夏季食用的优质蔬菜。

健一公馆供稿

【做法小贴士】
1. 做这道菜时，可以根据个人喜好调配调料。但通常情况下，八角放1粒即可，生抽的用量与所放料酒的量应基本持平。
2. 料包可以用保鲜袋装好放入冰箱冷藏保存，留待下次使用。
3. 肉皮冻食用时可以加入少许喜爱的调味汁，如加入生抽、花椒油、醋、辣椒末、葱末等，更添美味。

风味肉皮冻

【原料】猪肉皮500克
【调料】盐、味精、花椒、八角、小茴香、桂皮、香叶、葱、姜、生抽、料酒
【做法】
1. 将猪肉皮洗净，放入沸水中用中火煮大约10分钟，捞出凉凉后，刮去肉皮里的油脂，将肉皮切成约1厘米宽的条状。
2. 将花椒、八角、桂皮、香叶、小茴香装入棉布袋，扎紧袋口，制成料包备用。
3. 在锅里煮水（800毫升左右），水沸后将料包、肉皮投入锅里，再加入葱、姜以及适量料酒、生抽。
4. 用微火熬炖锅里的肉皮，并用勺子撇去浮沫，大约两小时后，汤汁变得黏稠时，即可关火。
5. 关火后取出料包，将肉皮和汤汁一起倒入盆中，加入少许盐和味精，凉凉后即可储存在冰箱冷藏室，需要时切块装盘上桌。

【特色】
风味肉皮冻颜色剔透，味道清爽，富含胶质，是一道适合夏季食用的佐餐小菜。在家居生活中自己动手来做，不仅简便干净，而且充满生活气息。

【猪皮】
猪皮和猪蹄一样，富含胶原蛋白，能令皮肤丰润而富有弹性，延缓并减少皱纹的出现。

【做法小贴士】
1. 在熬制糖浆时，也可以用冰糖粉来做，还可以根据个人喜好加入若干调料，如桂花卤等。
2. 熬糖时要不断搅动，以免糖液粘锅。
3. 在空盘上抹油时，可以使用煎苹果剩下的熟油。
4. 凉开水应当与做好的拔丝苹果一起上桌，用筷子蘸水可以避免筷子被糖粘住。
5. 拔丝类食物应当趁热快吃，冷却后糖浆凝固，就不会再出现糖丝了。

拔丝苹果

【原料】苹果 250 克、面粉
【调料】白糖 100 克
【做法】
1. 将苹果削皮，去掉果核，切成小块的滚刀块。
2. 用小半碗面粉，加水调成稠糊，将苹果块放进稠糊中蘸一下，沾满面糊后备用。
3. 将炒锅上火烧热，倒入大约能没过苹果块的油量。油烧热后，将苹果块下锅，用中火煎成金黄色，迅速捞起备用。
4. 取出一个空盘，在盘面上抹一层油，再准备一小碗凉开水。
5. 在炒锅里留下少许油，倒入白糖，再加一勺清水，用中火熬制。当白糖色呈金黄，冒出的气泡变小时，立即将苹果块倒入炒锅内来回翻颠，使所有苹果块都均匀地沾上一层糖浆，而后装入抹好油的盘中即可。

【特色】
甜香扑鼻，外脆内软。
【苹果】
苹果是常见的水果，富含维生素 C、苹果酸、糖分和多种矿物质。苹果健胃润肺，消食顺气，但是不宜患有糖尿病和胃寒的人食用。苹果适宜与香蕉、银耳、枸杞、牛奶和鱼肉同吃；不适宜与萝卜、绿豆以及鹅肉同吃。
【拔丝】
拔丝通常是指以鲜果或块茎类的蔬菜作为原料，在锅中熬好糖浆后，立即投入炸好的原料，迅速翻颠，待原料全部裹匀后立即装盘，快速上桌的一种烹饪方法。

健一公馆供稿

黄瓜蘸酱

【原料】黄瓜 250 克、肉 100 克、鸡蛋 1 个
【调料】葱、干黄酱 1 小袋、甜面酱半袋
【做法】
1. 将黄瓜洗净后，剖成两半，再切成 4～5 厘米长的条状。
2. 把干黄酱和甜面酱倒在一个碗里，用清水慢慢调匀。
3. 将肉切成尽可能小的小丁，将葱切末。
4. 将炒锅烧热后倒油，待油烧热后将肉丁下锅煸炒，肉丁将熟时把调好的酱倒入锅内，用小火熬制。
5. 在熬酱时要不断用铲搅动，并根据酱的稀稠程度添加适量的水，以免酱粘在锅底，熬制大约 10 分钟。
6. 将切好的葱末倒入锅内，并打鸡蛋入酱内，用锅铲搅匀；待酱出香味，色泽变成油亮的微黄色时关火，盛酱出锅。
7. 黄瓜条蘸酱吃即可。

【做法小贴士】
1. 用来调酱的水用生水即可。
2. 因为黄酱带有咸味，甜面酱也有咸味，因此在熬酱的时候无须放盐。
3. 这里制成的酱可以直接用来配着黄瓜拌面吃，也就是人们常说的炸酱面了。
4. 如果需要省事，也可以直接购买甜面酱，盛在碗里，加少许凉白开调匀，用黄瓜条蘸酱吃即可。

健一公馆供稿

【做法小贴士】

1. 在将鸡脯肉切丁时，可以先用刀背将之拍松再切，这样的鸡丁炒好后更加松软滑嫩。
2. 可以根据个人的喜好决定放入果仁的类型。

健一公馆供稿

果仁鸡丁

【原料】鸡脯肉200克，核桃仁、花生米、腰果、青笋各20克，鸡蛋1个
【调料】盐、味精、白糖、葱、生抽、黄酒
【做法】
1. 将鸡脯肉、青笋分别洗净后切成小丁。
2. 将黄酒、盐、味精和打好的鸡蛋混在一起调匀，腌制鸡脯肉半小时左右。
3. 将炒锅烧热入油，待油温热时，将鸡丁下锅滑散后捞出。
4. 将核桃仁、花生米、腰果掰开备用。
5. 将炒锅烧热，油烧温后将核桃仁、花生米、腰果下锅，待果仁冒出香味后盛出备用。
6. 在锅内留部分油，将葱末下锅炒香，将鸡丁下锅翻炒断生后捞出，再将青笋丁下锅翻炒。
7. 将鸡丁和果仁也下锅翻炒，将熟时加入白糖、盐和生抽，翻炒均匀后即可出锅。

健一公馆供稿

老醋花生米

【原料】花生米 200 克、醋 40 克
【调料】盐、白糖、香菜、生抽、香醋、腐乳汁
【做法】
1. 将炒锅烧热，倒入适量油，油温后将花生米下锅翻炒。
2. 待花生米色转金黄、发出香味之时，将其从锅里盛出，沥干油后盛盘。
3. 将香菜洗净切碎后撒在花生米上，再加入白糖、盐、腐乳汁、生抽和香醋并搅拌均匀即可。

【花生】
花生健脾润肺，富含蛋白质、脂肪油和糖类。在吃花生时，不宜同时吃香瓜。

【做法小贴士】
1. 花生米如果不是新剥好的，上面往往布满灰尘，因此最好清洗干净，沥干水分后再下锅炒。
2. 花生米下锅后要不断用锅铲翻炒，从而确保花生米能均匀受热。
3. 老醋花生米所用的醋，可以根据个人口味选择老陈醋或镇江香醋。

酸辣乌鱼蛋汤

【原料】 乌鱼蛋 50 克
【调料】 盐、白糖、胡椒粉、淀粉、香菜、米醋、清汤
【做法】
1. 将乌鱼蛋焯一下水，捞出过凉水后分成（手撕成）单片，用水浸泡 1 小时左右，去掉咸味备用。
2. 将乌鱼蛋片再用开水汆一下，沥干水分备用。
3. 在砂锅中加入清汤，用盐、白糖、胡椒粉、米醋制成酸辣口味，煮沸后放入乌鱼蛋片，然后将汤勾米汤芡，用小火烧至开锅即可。
4. 将少许香菜择洗干净切碎，装盘时点缀其上。

【特色】
乌鱼蛋之所以名贵是因其营养丰富、味道鲜美，有冬食驱寒、夏食解热之功效。这道菜属于鲁菜名菜，口味酸辣适中，乌鱼蛋滑嫩鲜香。

【米汤芡】
米汤芡即往汤中加淀粉并轻轻搅拌，成米汤的浓度。

【做法小贴士】
在制作这道菜时，要注意盐、糖、胡椒粉、米醋的比例，每种调料不要过多也不要过少，令汤同时具有酸、辣、咸的口味。

健一公馆供稿

健一公馆供稿

【做法小贴士】

1. 笋干最好选用天目笋干，火腿最好选用金华火腿，味道更佳。不过如果一时不容易买到，也可以用其他笋干、火腿代替。
2. 做这道菜时需要使用砂锅，才能入味。
3. 选择将老鸭切成块再煮或整只煮均可，前者所需时间比后者短一些。

老鸭煲

【原料】 老鸭1只、火腿100克、笋干300克、猪蹄200克
【调料】 盐、白糖、葱、姜、绍酒、高汤
【做法】
1. 将鸭子煺净毛，挖去鸭臊和内脏，洗净后放入沸水中用中火汆10分钟左右捞出。
2. 将笋干泡发后，放入沸水中用中火汆5分钟左右。
3. 将猪蹄洗净后切成段，也放入沸水中用中火汆5分钟左右。
4. 将火腿切片备用。
5. 将老鸭、笋干、火腿、猪蹄放入砂锅中，加入葱段、姜片，再加入能没过所有材料的清水，用大火煮沸，然后转用小火炖3～4小时之后，加入盐、白糖、绍酒和高汤，继续用小火炖1小时左右即可出锅。

【特色】
这是一道工夫菜，步骤简单，但耗时较长。做好后汤汁醇厚，味道浓郁，适合在炎热的夏季食用，能够降火清心、补充元气。

【鸭肉】
鸭肉性凉，属于清补的食物，适宜阴虚体弱、内火旺盛的人食用，不适合胃部冷痛的病人以及寒性痛经的女性食用。鸭肉适合与猪蹄、火腿、山药、豆豉、酸菜、鸡以及海参共同烹饪，老鸭汤更是具有养胃润肺的功效。但是鸭肉不适合与栗子、蒜、甲鱼同吃。

【绍酒】
绍酒主要指绍兴黄酒。黄酒可以替代料酒，起到去腥味、增鲜味的作用，但料酒不能代替黄酒。

【汆】
汆指将食材加工处理，切成较小型的食材，放入烧沸的汤或水中进行短时间加热，制成汤菜的烹调方法。

养颜时蔬

【原料】青笋 150 克、水发黑木耳 100 克、生核桃仁 50 克、嫩蚕豆 50 克
【调料】盐、鸡精、白糖、姜、醋、香油
【做法】
1. 将青笋洗净，斜切成片备用；将生核桃仁洗净备用；将少许姜去皮切末备用；将嫩蚕豆洗净去皮备用。
2. 将黑木耳洗净，除去根部后撕成小块，放入沸水中焯一下，迅速捞出备用。
3. 将炒锅烧热，倒入油烧热后，放入姜末炒香，然后将嫩蚕豆下锅煸炒，淋少许水后焖 2 分钟左右。
4. 将青笋、黑木耳和生核桃仁也下锅翻炒，加入盐、白糖、鸡精、醋和香油，翻炒均匀后即可出锅。

【做法小贴士】
1. 将嫩蚕豆去皮时，要将荚壳去干净。
2. 在没有嫩蚕豆和生核桃仁的季节里，青笋炒黑木耳也能成为一道四季皆宜的素菜。

健一公馆供稿

炸西红柿盒

【原料】西红柿 2 个、鸡蛋 2 个

【调料】盐、鸡精、白糖、面粉、葱、姜、蒜、尖椒、醋

【做法】

1. 将葱、姜切丝，尖椒切成小块，蒜切碎备用。
2. 将鸡蛋打在碗里搅匀备用。
3. 将洗净的西红柿切成约 1 厘米厚的圆片备用。
4. 将少许的盐和鸡精撒在西红柿片之间，腌制 5 分钟左右。
5. 将炒锅上火烧热，倒入油后烧热，将腌好的西红柿片外面均匀裹上一层面粉，蘸鸡蛋糊后下锅炸，等西红柿盒外皮呈金黄色后取出。
6. 炒锅中留少许油，将葱丝、姜丝下锅炒香后加入醋、盐、白糖、鸡精，然后将炸好的西红柿盒下锅，加少许水，待入味后，即可出锅。
7. 盛盘后撒上蒜末和尖椒块即可。

【做法小贴士】

1. 炸西红柿盒的时候，不要用大火，以免炸煳。
2. 将炸好的西红柿盒再次下锅并加水后，不要翻炒。

【西红柿】

西红柿的学名是番茄，具有健胃、止渴的功效。生西红柿性凉，不适合胃寒的人吃。西红柿宜与鸡蛋、大枣、豆腐、菜花、芹菜、鲫鱼和鲳鱼同吃，不宜与胡萝卜、南瓜、猪肝、羊肝、牛肝、虾和螃蟹同吃。

欧阳雪供稿

芥末虾拼蒸虾仁

健一公馆供稿

【原料】新鲜八头虾1只（1斤8个的大虾）、荸荠、苦菊、水晶菜、香椿苗、香菜
【调料】盐、生粉、黄芥粉、法香、卡夫奇妙酱、芥末粉、色拉油1000克、蛋清、香油、炼乳
【做法】
1. 将荸荠去皮备用，将苦菊、水晶菜、香椿苗、香菜用淡盐水泡后团成团，制成沙拉菜备用。
2. 大虾去头、切尾，抽去沙线后去皮。
3. 用盐1.5克、蛋清半只、香油2克调匀，放入虾腌渍10分钟，然后在虾外面裹上生粉。

097
Kitchen in Four Seasons

【做法小贴士】

1. 炸虾时要用温油、小火，以免太焦；色泽金黄即要出锅，否则颜色会变深。
2. 调芥末酱时，先将芥末粉用开水调匀，如果将干芥末粉直接加进卡夫奇妙酱，就会变成起粒状，效果不佳。

4. 调制芥末酱。用卡夫奇妙酱50克、炼乳20克、黄芥粉10克加法香碎调制而成，调制时先将芥末粉用开水调匀，然后加入炼乳和卡夫奇妙酱。
5. 将炒锅上火加热，倒入色拉油，烧至四成热时，放入虾，用小火浸炸至金黄色后捞出来，裹上芥末酱放入盘中。
6. 将荸荠加少许盐清炒后，也放入盘中，撒上沙拉菜即可。

【特色】

造型美观，由于加入了卡夫奇妙酱及炼乳，芥末酱味感特别，其中的法香碎还有软化血管的作用。

健一公馆供稿

秋季养生篇——秋风萧瑟天气凉
适合秋季的食材——秋重润燥
秋季健康菜

秋季养生篇

一　季节与起居

1. 秋季的季节特点

　　树树秋声，山山寒色，草木零落，转眼是秋。由立秋开始，历经处暑、白露、秋分、寒露、霜降共6个节气，白天渐短，黑夜渐长，冷暖气流交锋频繁。风多雨少，空气干燥，各种气象要素复杂。有时气温骤降10℃以上，寒潮天气不断。这些都对人体健康产生影响。

　　季节更替对人体的影响在秋季也表现得异常明显。在这个收获的季节，阳气渐收，阴气渐长，天气干燥。因此，秋季的到来也容易引起各种疾病发作。

　　由于呼吸系统的慢性疾病容易在秋季复发，因此养肺是这个季节养生的关键所在。做好了肺脏的养护，会大大有助于人们适应秋季的气候变化；反之，如果肺功能受到了损伤，那么不但不利于越冬，而且到了冬季也不易补养。

　　凡事预则立，不预则废。在顺应秋季自然规律的前提下，做好饮食的合理搭配，在起居作息方面多用心，一定能顺利度过干燥的秋季。

2. 秋季的起居养生要点

　　夏季过后，天气逐渐转凉，冷暖气流交汇，寒温交替，忽冷忽热总是不可避免。此外，万物萧条的秋季也是各种病菌和微生物繁殖的时机。因此，在秋季，流感、流脑等各种传染病容易发作，感冒、精神性疾病等痼疾也到了高发期。我们一定要做好秋季的养生保健，为健康越冬打下牢固的基础。

　　在秋季，最需要注重的就是收藏阴气，内聚精气，以达到滋养五脏、延年益寿的目的。五脏之气有阴阳之分。倘若体内阴气不足，意味着五脏之气耗伤，以至于匮乏，无法保证机体贯通自如，容易造成气虚。

　　保养人体阴气的方法很多，最重要的一点就是要恰当地维持好五脏之气的平衡。秋季以肺为五脏之首，因而秋季要注意保证肺气的畅通，遵守"春捂秋冻"的原则。

　　另外，人在秋季容易"秋乏"，每天最好早睡早起，有助于消除疲劳。

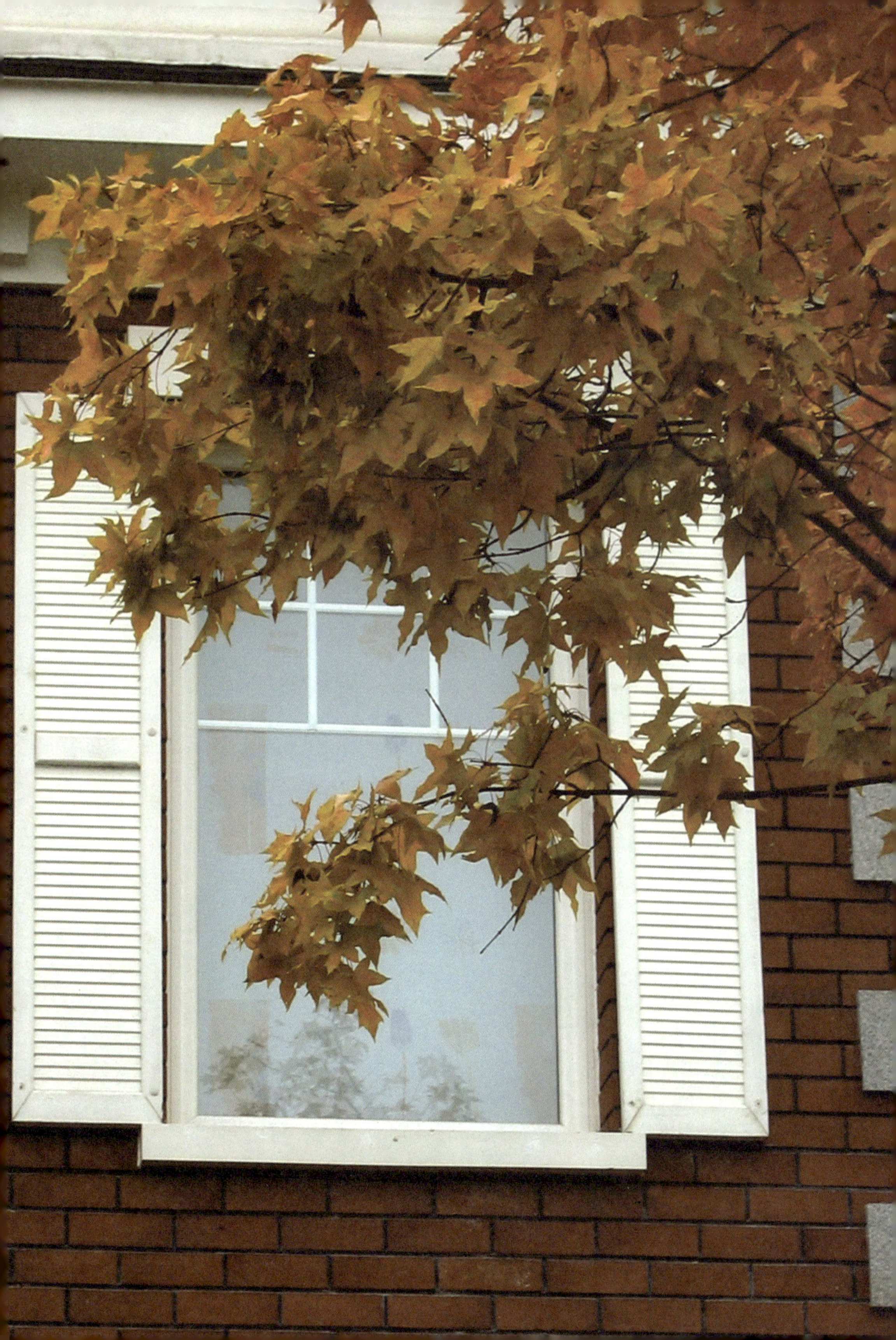

二　秋季食材

• 秋季宜吃的食物

1. 秋季饮食应以滋阴润肺、防燥养阴为主

　　在秋季，人体进入了保护阴气的关键期，因此在饮食方面应注重滋阴润肺、防燥养阴。胡麻、芝麻、核桃、糯米、甘蔗、奶制品等，都可以起到滋阴、润肺、养血的作用。

2. 秋季宜多食温性、滋补的菜肴

　　秋季适合吃温性的菜肴，因为寒凉之物很容易使胃部受到伤害。寒凉或生冷的菜肴，也往往会导致温热内蕴，毒滞体内，引发腹泻、腹痛等各种消化道疾病。

3. 秋季进补是中医养生的要旨之一

　　为了避免出现冬季虚不受补的情况，可选择服用些中药材，如沙参、百合、杏仁、川贝等调理。

4. 含水分较多的甘润食物适合秋季食用

　　在秋季，选择一些含水分较多的甘润菜肴，一方面可以在一定程度上补充人体的水分，防止气候干燥对人体的伤害，达到防燥的目的；另一方面还可以通过这些菜肴来宣肺、去燥邪，去掉各种疾病复发的诱因。百合、银耳、山药、荸荠、豆浆、藕、菠菜、橄榄等食物有润肺生津、养阴清燥的功效，适合在秋季适当食用。

5. 秋季饮食宜少辛多酸

　　酸味入肝，可以强盛肝木，令肺气不至于对肝造成过分的损伤。因此，秋季不妨少吃葱、姜、蒜、韭菜、辣椒等辛味的食物，吃些酸味的水果，如苹果、石榴、芒果、柚子、山楂、柠檬等。葡萄和梨虽然是秋天收获的水果，但它们性阴寒，不宜多吃。

· 秋季忌吃的食物

　　不同的季节生长的作物和飞禽走兽，其性质是不同的，对人体的作用也不同。那么秋季应该注意哪些饮食问题呢？
　　秋季是吃螃蟹的好时节，但也要注意防毒。螃蟹在霜降前体内含毒，而这种毒在霜降后、中秋后、重阳节左右就完全没有了。因此，最好是在秋末冬初、霜降后吃蟹。此时蟹肉肥美饱满，是品尝的好时节。
　　姜性温、味辛，主发散，在8月、9月最好少吃。因为按中医理论来看，这两个月正是养阴的时候，适宜吃一些养阴的食物，而姜吃多了易生秋燥，并可能导致咳嗽，反而伤神耗气。同样的道理，狗肉也不适合在这时候吃。

三　初、仲、晚秋饮食宜忌

1. 初秋的气候特点和饮食宜忌

　　如何才能在初秋时节保证机体的健康呢？首先需要了解初秋的气候特点。此时秋风送爽，心情也会随之变得清爽。但是同时气候也渐转干燥，阳气由升浮转为沉降，加上日照时间减少，气温日趋下降，人身体上的反应，往往就会伴随着疲倦、皱纹增生、干咳少痰、口腔发苦、便秘等症状。初秋是"阳消阴长"、由热转寒的过渡阶段，也是最易发病的时期。因此，需要从饮食上做好调理，帮助自己和家人顺利度过这段时间。
　　富含水分的水果是防秋燥的好帮手，苹果、香蕉等水果此时正值丰收期，经常吃对身体很有好处。但秋季天气渐冷，为防伤及脾胃阳气，对夏季常吃的各种瓜果应有所节制。

2. 仲秋的气候特点和饮食宜忌

　　仲秋时节，来自西北方的冷空气团势力逐渐增强，天气变化极快，有时会突然转冷，我国东北地区的有些地方开始出现霜冻。因而，仲秋的饮食更应该与天时配合，保证机体顺利渡过这一关。
　　为了更好地养护肺，适合吃枇杷、甘蔗、柚子等具有养肺功效的水果。另外也可喝一些如银耳冰糖粥、百合莲子粥这样具有止咳化痰、滋阴润肺功效的粥羹。有些店铺会推出雪梨川贝冰糖羹，但由于雪梨性阴寒，故只能少吃微食，多吃无益，60 岁以上则应忌食。

3. 晚秋的气候特点和饮食宜忌

晚秋时节气候多变，温差、大气压及风速等都处于大起大落的波动状态，往往会导致人体温度失衡，有时会造成冠状动脉痉挛，甚至梗死。

根据中医理论，晚秋当以护阴为主。可以适当吃一些柔润的食物，如奶制品、芝麻、糯米、蜂蜜、荸荠、萝卜、柿子、莲子等，可以平肺气，助肝气，防肺气过盛。

4. 适合秋季的烹饪方法

炸、炒、蒸、炖、涮等烹饪方法都很适合制作秋季菜肴。

四 特别篇：秋季养肺

在多风少雨的秋季，气候多半干燥，天气也逐渐从热转凉，阴气渐长而阳气逐渐收敛。初秋时节的气温虽然还很高，但一过白露，寒热多变的天气就开始增多。白天热晚上凉，非常容易感冒，很多旧病老病也容易在这时候发作。所以，养阴是秋季养生的关键所在，而秋季养阴最主要的就是养好肺阴。

秋季养肺有下列一些注意事项：

1. 养肺的方法有很多种，保持心情愉快是一种不错的方法。但过喜伤身，应当有所注意，否则会乐极生悲。特别是那些刚刚做完手术的病人、孕妇以及患有动脉硬化或高血压等病症的人，更要有所节制。

2. 加强体育锻炼。通过锻炼令身体免受季节转换带来的伤害，为了养护肺脏可以做一些对清肺有帮助的呼吸运动和动作。

3. 补充水分要及时。为了使人体呼吸道和肺脏保持湿润，避免人体大量水分的丢失，在气候干燥的秋季，每天务必多喝水。

4. 在平衡营养和合理饮食的前提下，可适当选择一些滋阴润肺的食材食用，通过食疗来养肺。比如，对于患有呼吸系统慢性疾病的人，可以选择饮用冰糖菊花水，或者吃一些蜂蜜、藕等。

总之，在肺气易燥的秋季，对肺的养护一定要全面，相应地在食材选择上也必须做到十二分的讲究，只有这样，才能达到事半功倍的效果。比如在食疗方面，可选用大枣、银耳羹等对养肺有好处的食材，因为肺属金，养肺适合平补法，而上述食材都是平补的佳品。

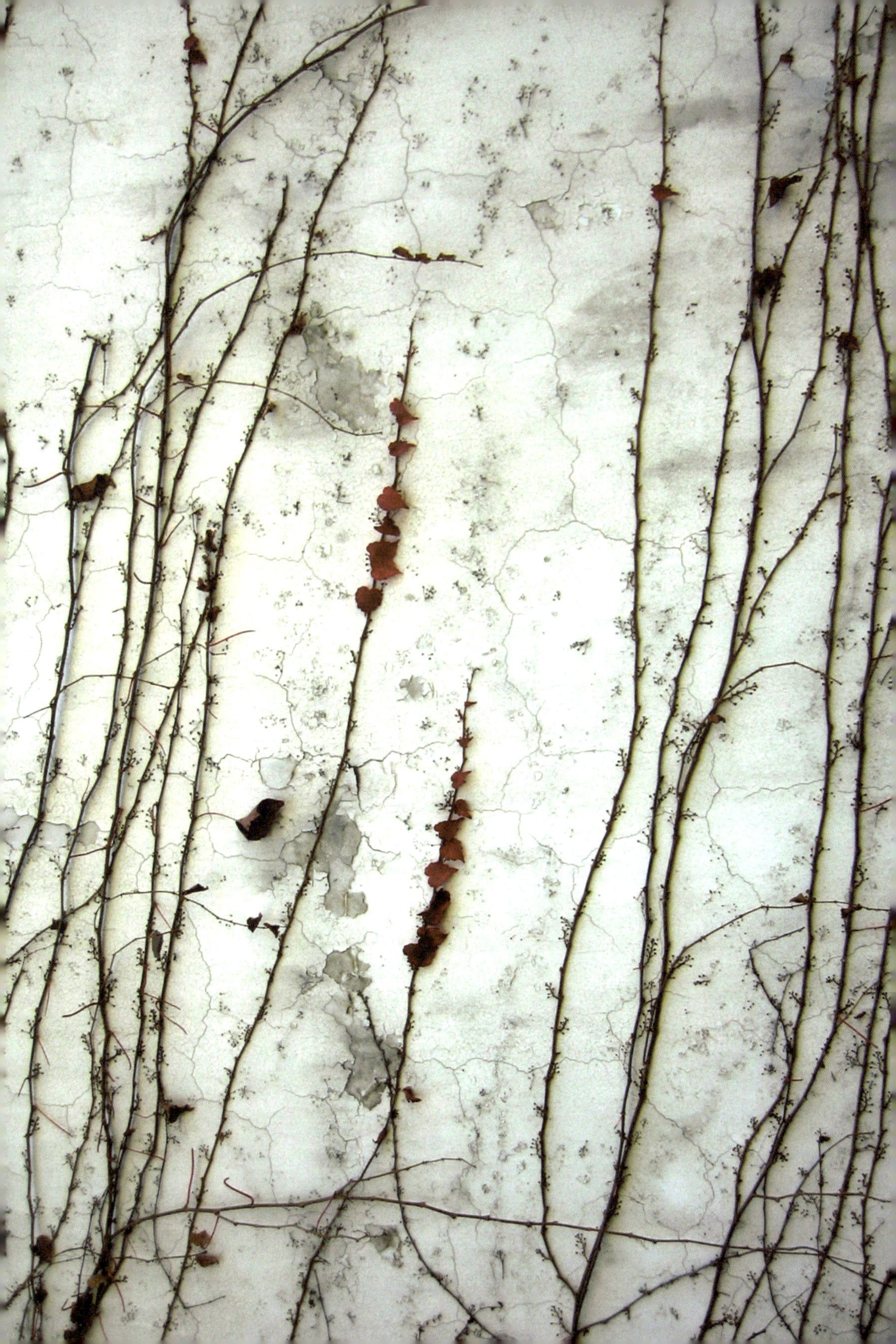

下面推荐几种秋季养肺菜品，供大家选择。

第一道：百耳润肺汤

【原料】 百合①、银耳
【调料】 冰糖
【做法】
1. 将银耳浸泡在温水中，待银耳变软后择去根蒂。
2. 将准备好的百合掰开，用清水冲洗干净。
3. 将锅里倒入适量的清水，加入冰糖后用大火煮。
4. 水未开时放入银耳和百合。
5. 煮到沸腾之后，将火调小，大约再炖15分钟就可以出锅了。

【特色】
百耳润肺汤对气喘气短、痰中带血等症状有一定治疗作用，能够补虚化痰，润肺止咳。

第二道：玉竹参鸡

【原料】 母鸡、玉竹、大枣、沙参
【调料】 盐、葱、姜
【做法】
1. 将打理好的母鸡清洗干净，剁成块，放入准备好的锅内。
2. 向锅内倒入适量的水，加入大枣、沙参、玉竹、葱段和姜片。
3. 用文火焖煮，大约1小时后加盐即可。

【特色】
玉竹参鸡有润肺止咳的功效，适合秋季食用。

---

① 百合能敛肺痨而止肺萎。

第三道：冰糖银耳羹

【原料】银耳

【调料】冰糖

【做法】

1. 将银耳用温水浸泡，待其变软后择去根蒂。
2. 把适量的冰糖和银耳放到准备好的汤锅中，加入适量凉开水。
3. 将汤锅上火，煮开后用小火炖煮 1 小时即可。

【特色】

这道菜有生津止渴、益气养胃、去燥的作用。

秋季推荐食材

• 甘蓝 —— 甘蓝又名圆白菜、卷心菜，含有植物蛋白质，多种维生素和矿物质，适合秋季、冬季食用。它有增进食欲、促进消化的功效。甘蓝对胃溃疡、肥胖症、糖尿病等病症很有好处。

• 茭白 —— 茭白中含有丰富的钾元素，对降低血压和减轻水肿有促进作用，也能帮助排出体内多余的盐分。它富含维生素C，可预防感冒、提升机体免疫力。茭白所含的膳食纤维有助于肠胃的蠕动，在促进消化及排便方面也有一定功效。

• 芹菜 —— 芹菜含铁量较高，对缺铁性贫血患者来说是很好的时蔬。在秋季干燥的气候条件下，芹菜含有的纤维能刺激肠胃的蠕动，可以促进排便。另外，它的根茎中富含钾，对保持正常的血压也有很好的作用。芹菜芳香宜人，是因为它的柄和叶子中含有挥发性的精油成分，不仅能使人增进食欲，还有助于恢复心情的平静。

• 西兰花 —— 西兰花性凉味甘，富含蛋白质、糖类、脂肪、胡萝卜素、维生素，营养成分极为丰富，被誉为"蔬菜皇冠"，且食用口感脆嫩爽口，清爽美味。

• 南瓜 —— 南瓜不仅能改善各种秋燥的症状，而且对人体的免疫力也有一定的增强作用。在保护视力方面，南瓜也能发挥不小的作用，因为它丰富的胡萝卜素被人体吸收后，可以转化成维生素A，能与人体的蛋白质结合，生成视蛋白。

• 黑木耳 —— 黑木耳含有丰富的蛋白质、脂肪、糖和灰分。灰分中含有胡萝卜素、矿物质和烟酸等成分。黑木耳有止血活血、排毒解毒和消胃涤肠的作用，尤其适合在粉尘环境中长期工作的人食用。

108

Kitchen in Four Seasons

- 丝瓜 —— 丝瓜味甘性凉，其叶、藤、络、花、子都可以入药，能通经络、下乳汁、行血脉，有美容、化痰、解毒、清暑、通便、祛风、润肌等功效。

- 牛肉 —— 牛肉味道鲜美，含脂量低，高蛋白，是秋季滋补食材中的佳品。在气候干燥的秋季，牛肉中的蛋白质对皮肤有一定的滋润作用；牛肉中的铁可以补血；牛肉中的氨基酸有益于增强体质，提高人体的免疫能力。

- 牡蛎 —— 牡蛎适合生理期不顺的女性和前列腺功能欠佳的男性食用，因为牡蛎含有数十种氨基酸，其中相当一部分是人体必需的。此外，牡蛎中的脂肪含量很低；而锌和钙含量较高，有益伤口愈合，且能促进骨骼生长。

- 螃蟹 —— 螃蟹具有消除疲劳、稳定情绪和松弛神经的作用，是食材中的精品。螃蟹不仅味美，还含有丰富的营养蛋白，能滋补养身、美容养颜；其中的维生素 B 群能促进新陈代谢；其中的钙质能强健骨骼和牙齿，对调节神经传导、促进肌肉收缩和血液凝固也有一定功效。

- 鲈鱼 —— 鲈鱼肉质白嫩清香，含有蛋白质、钙、镁、锌、硒等多种元素，口味鲜美，营养价值极高。鲈鱼健脾、补气、益肾、安胎，对痰多咳嗽、肝肾不足的人也有很好的补益作用。

- 桂鱼 —— 桂鱼又名鳜鱼，是名贵的淡水食用鱼，肉质丰厚坚实，鲜美异常。桂鱼富含抗氧化成分，可补五脏、益脾胃、疗虚损，适于有虚劳体弱、肠风下血等症者食用，亦是爱美人士的最佳选择。

- 武昌鱼 —— 武昌鱼是驰名中外的水产，肉质鲜嫩细美，清蒸尤佳。适宜贫血、体虚、营养不良、不思饮食之人食用，并对低血糖、高血压等病症有预防之效。

秋季菜做法

葱烧海参

【原料】水发海参 500 克，山东大葱 100 克

【调料】盐、味精、白糖、姜、生抽、湿淀粉、清汤、猪油、料酒

【做法】

1. 将水发海参用清水洗净，放进锅里，加水后大火煮开，大约煮 5 分钟后将海参捞出凉凉。
2. 将海参切开，切成 4 厘米左右的条状备用。
3. 将葱剥洗干净后，切成 3 厘米左右的葱段；将姜去皮切成姜末。
4. 将炒锅烧热，倒入猪油，猪油烧热后将葱段下锅，葱段炒成金黄色后捞出备用，锅里的油则制成了葱油。将部分葱油倒出备用，部分留在锅里。
5. 将姜末和海参下锅煸炒，再加入清汤、生抽、味精、盐、料酒，等汤汁沸腾后，用湿淀粉勾芡，并翻颠海参，让芡汁都挂在海参上，即可出锅。
6. 将炸好的葱段放在碗中，加入清汤、料酒、姜末、生抽、白糖和味精各少许，上锅蒸 2~3 分钟，将葱段取出备用。
7. 将倒出的葱油重新放入炒锅烧热，将葱段下锅煸炒几下后，将葱油和葱段一起浇在盘中的海参上，即可上桌。

【海参】

海参具有补肾滋阴、养血益精、抗衰老的功效。值得注意的是，患感冒、腹泻等病症期间，忌吃海参。

【做法小贴士】
1. 如果不想将炸好的葱段上锅蒸,也可以在烧海参时,汤汁沸腾后将葱段加入。
2. 勾芡时不要立即搅动下锅的湿淀粉,几秒钟后将其搅匀,才能成为糊状。

健一公馆供稿

健一公馆供稿

灌汤大黄鱼

【原料】大黄鱼1条、水发海虎翅、大虾、辽参、瑶柱
【调料】盐、葱、姜、老抽、清汤、黄酒
【做法】
1. 将大黄鱼打理干净，从腮部整鱼脱骨，要做到脱骨后能够往鱼肚中灌水不漏。
2. 将处理好的鱼放入盆中，加入黄酒、葱、姜后用盐腌制，从而去腥入底味。
3. 将虾肉、辽参切成薄片备用，将瑶柱用水发开后，撕成丝备用。
4. 将海虎翅、瑶柱、辽参片和虾片用清汤制成汤料灌入鱼肚内，用虾胶把鱼的腮部封口。
5. 将封好的鱼入锅加老抽红烧，烧好后将鱼捞出，码在盘中。
6. 将锅里的原汤收汁，淋在大黄鱼上即可。

【做法小贴士】
1. 这是一道名菜，适合厨艺较为娴熟的人来做。
2. 如果能用舟山野生大黄鱼，则味道更佳。
3. 将大黄鱼做整鱼脱骨处理时，最好使用竹刀。将竹刀从鱼口中深入到鱼的鳃部，再经鳃部伸进鱼身中，将鱼骨与鱼肉分离。然后用鱼钳将鱼骨经鱼鳃，从鱼口处取出。由于大黄鱼的肉是易散开的蒜瓣肉，因此可以做到将整个鱼骨在不断裂的情况下取出，留下脱骨后外表毫无创口的整鱼。

【特色】
灌汤大黄鱼因电影《满汉全席》名动天下，大黄鱼以舟山野生大黄鱼为佳，当然其他产地的大黄鱼也可以。用整鱼脱骨的方法，去掉骨、刺等，灌上清汤、海虎翅、辽参、虾肉……再封口烧制，口味鲜嫩，制作考究，用料斟酌，成菜大气。

【黄鱼】
黄鱼又称黄花鱼、石首鱼，大黄鱼是黄鱼的一种。食用黄鱼可以健胃益气，适合体质虚弱的人和产后体虚的妇女食用。如果有贫血、失眠、头晕、食欲不振等症状，食用黄鱼也很有效果。由于黄鱼是发物食物，因此，不适合患有皮肤病、哮喘、肾炎等病症的人食用。另外，黄鱼也不适合与荞麦同吃。

南瓜盅

【原料】南瓜1个、瘦肉少许、豆腐、洋葱、豌豆
【调料】盐、味精、淀粉、胡椒粉、香菜、料酒
【做法】
1. 将南瓜剖开，挖去其中的瓜子。
2. 将处理好的南瓜蒸15分钟左右，直到南瓜半软。用勺子将南瓜肉挖出备用，并将南瓜壳保留下来备用。
3. 将瘦肉用盐、料酒、胡椒粉和淀粉腌30分钟左右，豆腐切成1厘米见方的小块，并将少许洋葱洗净切成碎末备用。
4. 烧一锅清水，水沸后先放入南瓜肉煮沸，再加入瘦肉、洋葱碎、豌豆和豆腐，再加入适量盐和味精。
5. 将煮好的南瓜肉、瘦肉、豆腐、洋葱碎和豌豆置于南瓜壳中，撒上少许香菜碎即可上桌。

【洋葱】
洋葱有杀菌的功效，对大肠和胃很有好处，能降血压、降血脂、降血糖，适合患有高血压、高脂血症、动脉硬化等病症的人食用，但是不宜患有瘙痒性皮肤病的人食用。洋葱与苦瓜、玉米、蒜、鸡蛋、猪肝、鸡肉同吃对身体有好处，但应避免与蜂蜜和黄鱼同吃。

【做法小贴士】
1. 南瓜挖出子以后需蒸到半软的状态，再挖出瓜肉才比较容易。
2. 还可以将南瓜封上保鲜纸，用微波炉加热5分钟至瓜肉半熟。
3. 可以用刀在南瓜皮周边雕出锯齿形花纹，使其更加美观。
4. 加入南瓜盅内的馅料可以根据个人喜好调整，如可以将豆腐、虾仁切成小粒，下锅翻炒后用高汤炖，汤汁变稠后加淀粉勾芡，作为南瓜盅内的馅料。

健一公馆供稿

肉汁小香菇

【原料】香菇 250 克、瘦肉 100 克

【调料】盐、鸡精、白糖、黑胡椒粉、淀粉、葱、老抽

【做法】
1. 把香菇洗净，去掉柄，在菇面上划几刀。
2. 将炒锅烧热后倒入油，将香菇下锅，慢煎至熟时出锅。
3. 将瘦肉洗净剁碎备用，葱切末备用。
4. 将炒锅烧热，倒入适量油加热，将肉末下锅略炒，再加水、白糖和少许老抽，煮至开锅。再将黑胡椒粉、葱末、盐、鸡精下锅，用淀粉勾芡后浇在香菇上即可。

【香菇】

香菇能舒肝养胃，适宜贫血体弱或患有高血压、糖尿病、动脉硬化、高脂血症的人食用。不适宜患有瘙痒性皮肤病的人吃。香菇与蘑菇、菜花、西兰花、油菜、毛豆和猪肉同吃有利于身体健康，与驴肉和野鸡肉同吃则不利于身体健康。

【做法小贴士】
如果用干香菇的话，需要用温水泡开。

健一公馆供稿

健一公馆供稿

糯香酥骨

【原料】排骨 300 克、糯米 200 克、豌豆 100 克、红辣椒 1 只
【调料】盐、鸡精、白糖、胡椒粉、五香粉、姜、湿淀粉、生抽、料酒、清汤
【做法】
1. 将糯米淘洗后，在清水中浸泡 5 小时。将豌豆洗净，下入开水锅中煮熟。
2. 将排骨洗净，剁成 5～6 厘米长的条状，用盐、鸡精、料酒、白糖、生抽、胡椒粉、五香粉、姜末腌制 30 分钟入味
3. 用糯米在腌制好的排骨外侧均匀地裹上一层，整齐地码入盘中。
4. 将码好排骨的盘子放入蒸锅里，蒸 90 分钟左右，即可关火出锅。
5. 将炒锅烧热，倒入少许油，油热后将切碎的红辣椒下锅炒香，再将豌豆下锅翻炒几下，加入盐和清汤，煮沸后用湿淀粉勾芡，最后将锅里的豌豆和稠汁浇在蒸好的排骨上即可。

【做法小贴士】
如果有荷叶，可以将荷叶垫在盘底，上锅蒸熟后会带有荷叶清香。

三鲜鱼肚

【原料】鱼肚 250 克、虾仁、熟鸡脯肉、火腿、油菜、水发海参
【调料】盐、味精、淀粉、碱粉、葱、姜、高汤、蛋清
【做法】

1. 将鱼肚加少许碱粉后用沸水浸泡，泡软后用清水漂洗干净。
2. 将鱼肚、火腿、熟鸡脯肉切片备用，将水发海参切成条状，大约 5 厘米长为佳。
3. 用淀粉、盐、蛋清和水调成浆状，为虾仁上浆，即将浆料倒在虾仁上，抓拌均匀。
4. 将炒锅上火烧热，倒入油后用旺火烧到四成熟，将虾仁下锅滑炒，然后沥干油分盛出备用。
5. 将葱段、姜片下入炒锅中炒香，然后在锅里加入高汤并煮沸。
6. 高汤煮沸后，将葱、姜捞出，然后将鱼肚和海参下锅，煮沸后将火腿、鸡脯肉片和虾仁下锅，再加入油菜、盐、味精，用淀粉勾薄芡。
7. 将鱼肚、海参、火腿、鸡脯肉片、虾仁和油菜盛盘，淋少许原汁即可食用。

【特色】
嫩滑香鲜，营养丰富。
【鱼肚】
鱼肚是将鱼鳔剖制、晒干而成的，被列为"八珍"之一，有消肿、止血、散淤等作用。

健一公馆供稿

【做法小贴士】
为了较好地沥干油分，可以使用漏勺盛出虾仁。

油焖大虾

【原料】鲜大虾 10 个
【调料】盐、白糖、葱、姜、料酒、香油、清汤
【做法】
1. 将虾清洗干净,剪去虾须、虾腿、虾枪,去掉沙包;再剪开虾背,抽出沙线。
2. 将葱、姜洗净,葱切段,姜去皮切片。
3. 将炒锅烧热,倒入适量的油,油热后将葱段、姜片下锅煸炒,再将处理好的虾下锅翻颠。
4. 等虾变成金红色,锅里的油也因虾油变成红色时,倒入料酒、清汤,加入盐、白糖,煮沸后用小火焖烧 15 分钟左右。等锅里的汤汁收浓时,淋上少许香油,即可出锅。

【特色】
这道菜色泽明丽,浓香扑鼻,鲜嫩油润,含有丰富的蛋白质。

健一公馆供稿

健一公馆供稿

【做法小贴士】
1. 做这道菜时,为了保证味道,尽量用新鲜的而非水发的辽参,大约需10克。如果没有辽参,可以用梅花参、黄玉参代替。
2. 鱼米是指用桂鱼肉切成米粒大小的形状。
3. 糟汁可以自制,最经典的糟汁的做法是用香糟加少许黄酒加桂花装入小瓶,瓶口包上纱布后倒吊起来,下接的滴液形成糟汁。

神仙肉

【原料】 虾仁、鱼米、茄子、肉馅、杏仁、核桃仁、松仁、面筋、冬菇、冬笋、辽参

【调料】 盐、淀粉、蛋清、糟汁、高汤

【做法】

1. 将虾仁、辽参切粒，同鱼米一起打成海鲜馅，加盐后置于阴凉处备用。
2. 将茄子洗净去皮，一半切成长方形片，另一半切成小丁。
3. 将炒锅加热后入油，把杏仁、核桃仁、松仁下锅炸香后取出，用刀拍碎，制成干果碎末备用。
4. 将肉馅加盐、蛋清制成肉糊备用。
5. 把海鲜馅摊在两片茄子片中间成薄薄一层，茄子片外面裹上肉糊后下油锅炸熟成茄盒备用。
6. 将冬菇、冬笋、面筋切丁后下到沸水中焯一下捞出，将茄子丁过油炸熟，将这几种经处理的食物放入锅中下高汤再加盐，煨至入味后，再加入糟汁勾芡。最后撒上干果碎末制成茄子卤备用。
7. 将炸好的茄盒码入盘中浇上茄子卤，再用杏仁、松仁、核桃仁点缀即可。

【特色】

"神仙肉"是用肉泥，经过油炸制成。因油炸有涨发性，外脆里嫩，酥软可口。肉泥和蛋清皆营养丰富。其中的糟汁有温胃暖胃的作用。这道菜始于唐朝，宋、明、清一直延续，在民国期间失传，今又得以恢复。特点在于荤素搭配，有海产的鲜美，有蔬菜的鲜香，有干果的浓郁酥香，又有糟汁的酒香，这是只有神仙才能享受的口福。

【茄子】

茄子有清热、活血、通便的功效，适合心血管类疾病的患者食用。但是茄子性凉、性发，因此，不适合有胃寒、腹泻、皮肤病、哮喘等病症的患者。茄子适合与蒜、苦瓜、猪肉和黄豆同吃，不宜与螃蟹、墨鱼同吃。

【煨】

煨指对经过初步熟处理的食材，加入汤汁，放入调味料后用旺火烧沸，撇去浮沫后再加盖，用微火长时间慢烧，令食材完全熟透的烹饪方法。

【做法小贴士】
在做这道菜时，也可以用牛仔骨代替猪腩排。

健一公馆供稿

私房香槟骨

【原料】 猪腩排 600 克

【调料】 盐、白糖、胡椒粉、鸡粉、淀粉、葱、蒜、香菜、生抽、香槟酒

【做法】

1. 将猪腩排洗净，切成约 5 厘米长，用葱末、蒜末、白糖、盐和香槟酒腌制约 2 小时。
2. 将炒锅烧热，倒入适量油烧热，将腌好的猪腩排下锅炸，七分熟时盛出沥油。
3. 用适量盐、白糖、生抽、香槟酒、淀粉、胡椒粉、鸡粉和水调匀，下锅煮沸。
4. 将猪腩排下锅，盖上锅盖用小火烧 20 分钟左右，并随时用锅铲翻动，使猪腩排不至粘在锅底。
5. 最后再加入少许香槟酒，并翻动至汤汁均匀黏稠，即可出锅。
6. 出锅后可撒上少许香菜碎作为点缀。

【猪腩排】

猪腩排指排骨中肉和脆骨较多的部位，含有骨胶原、骨粘蛋白等成分，有补钙之效。

雪菜炒笋片

【原料】 鲜笋、雪里红

【调料】 盐、葱

【做法】

1. 将葱洗净切碎备用，将竹笋洗净切片备用。
2. 将雪里红冲洗一下，切碎备用。
3. 将炒锅烧热，倒入适量油，用旺火将油烧熟后，先放入葱末爆香，再将切好的雪里红和笋片下锅翻炒。
4. 炒到将熟时，在锅里加入少许盐，继续翻炒几下即可出锅。

【雪里红】

雪里红有润肺祛痰的功效，是十分适合秋季食用的蔬菜，对咳嗽多痰的症状有好处。但雪里红是发物食品，因此不适合患有皮肤病、哮喘、癌症、眼疾、痔疮等病症的患者食用。

【做法小贴士】

1. 雪菜即腌好的雪里红，在超市可买到。
2. 做这道菜放盐时，也可以加入少许清水。

健一公馆供稿

【做法小贴士】
可以选用鲤鱼、桂鱼代替鲈鱼做这道菜。

沾水鲈鱼球

【原料】鲈鱼1条
【调料】盐、味精、白糖、辣椒粉、葱、姜、湿淀粉、花椒油、香油、绍酒、高汤
【做法】
1. 将鲈鱼打理干净，顺着直纹将鱼肉切成片，以5厘米长，3厘米宽为佳。
2. 将葱、姜洗净，葱切段，姜切末备用。
3. 在湿淀粉加入少许盐、味精和辣椒粉，给鱼肉上浆。
4. 用半碗高汤，加入盐、花椒油、绍酒、香油、湿淀粉、白糖和味精，调成稠汁。
5. 将炒锅烧热，倒入适量油，油微热时将鲈鱼片下锅，鱼片将卷曲成球状。
6. 将鲈鱼球捞出，将葱段和姜末下锅炒香后捞出，将调好的稠汁倒入炒锅烧沸，再将鲈鱼球下锅轻轻翻炒均匀，即可出锅。
7. 装盘时，在鲈鱼球上浇上锅里的原汁。

健一公馆供稿

【做法小贴士】

1. 在超市可买到干鱼翅。
2. 肉馅的成分应为1/4的肥肉、3/4的瘦肉，搅拌时需始终顺着同一方向搅拌。
3. 在蒸的步骤中，所用的高汤可以根据个人喜好调味。

全脑狮子头

健一公馆供稿

【原料】鱼翅、辽参、冬笋、香菇、猪肉
【调料】盐、淀粉、面粉、八角、桂皮、蛋清、蚝油汁、高汤
【做法】
1. 将鱼翅泡发，香菇切丝，辽参和冬笋切粒备用。
2. 将高汤煮沸，放入鱼翅、辽参、冬笋、香菇，煨入味后再加入淀粉，继续煮高汤直到汤汁收紧，将里面各种用料制成水晶球状（软而透明的球体）备用。
3. 将猪肉剁成末，加入蛋清、少许面粉和盐，搅拌均匀。
4. 将水晶球外裹上一层肉馅，制成肉丸。
5. 将炒锅烧热，倒入油，油热后将肉丸下锅炸熟，制成狮子头。
6. 将狮子头放在盒中，加入调好味的高汤，再放少许八角、桂皮，上蒸锅蒸30分钟。
7. 将蒸好的狮子头装盘，淋上蚝油汁即可。

【全脑狮子头的来历】
据记载，御膳房为慈禧老佛爷精心准备了一道狮子头，但是慈禧却突发奇想，认为既是狮子的头，就应该有脑子。于是经过御厨多次尝试，终于用鱼翅、辽参等名贵原料制成了水晶球放在狮子头之中，最终成为这道独步天下的全脑狮子头。

【辽参】
辽参是指出产于辽东半岛附近海域的海参，是海参中品质最优的类型，含有丰富的蛋白质，能补肾、益精、养血。

【鱼翅】
鱼翅能益气开胃，具有降血脂的功效。

莼菜鱼丸汤

【原料】鱼肉 250 克、西湖莼菜 2 小袋
【调料】盐、葱、姜、蛋清、料酒、清汤
【做法】
1．打开莼菜袋，倒掉原汁，将莼菜在沸水中焯一下备用。将葱切段，姜切片备用。
2．拣去鱼肉中所有的刺，将其剁碎，加入料酒、蛋清（2 个鸡蛋）、盐、清汤和少许姜末，搅拌均匀，并捏成一个个小丸子。
3．将鱼丸放入锅里，加入清水，煮沸后捞出备用。
4．将炒锅烧热，倒入适量油后，将葱段和姜片下锅炒香后捞出，往锅里加入水和清汤，然后将鱼丸下锅，加少许料酒，煮沸后将莼菜下锅并放盐，待汤再次煮沸时即可出锅。

【莼菜】
吃莼菜对脾、胃有好处，能清热、解毒、泻火。莼菜性凉，适合夏季、秋季食用，不宜在冬季吃，也不适合患有胃寒、腹泻等病症的人和月经期的妇女食用。莼菜适合和各种鱼类一起烹调食用，特别是鲈鱼，但是不能和醋同吃。

【做法小贴士】
鱼丸可以在超市中买到，但是最好还是自己做，各种鱼肉均可，但要除去里面所有的刺。

杏干肉

【原料】猪通脊肉 400 克

【调料】盐、白糖、姜、番茄酱、料酒

【做法】

1. 将猪通脊肉切成金钱片。将姜去皮切末备用。
2. 将炒锅烧热，倒入适量油并烧热后，将肉片下锅煸炒至肉熟，然后加入白糖、番茄酱，以及少许料酒、姜末和盐，翻炒均匀。
3. 待炒锅里的肉汁收干，即可出锅。
4. 这道菜做好后可以作为热菜立即上桌；也可以冷却后置于冰箱保存，需要时作为凉菜上桌。

【特色】

这是一道传统年节菜，因猪肉片颜色、形状味道都似杏干而得名，酸甜可口，色香味俱全。过去在烹饪时，为使肉片带有酸味，通常使用醋；如今用番茄酱代替了醋，口味更佳。

【金钱片】

1. 金钱片又叫铜钱片，这里指将猪通脊肉切成铜钱厚度的片状。
2. 牛通脊肉亦可用于做这道菜。

健一公馆供稿

【做法小贴士】

在煮猪肚时，待锅中水沸，猪肚下锅后，要立即将火调小，并不断用筷子戳。当筷子能戳入猪肚时，就应关火并将其捞起。这样煮出的猪肚既不会发硬，也不至于过于酥烂。

健一公馆供稿

拌肚丝

【原料】生猪肚300克、黄瓜、青椒、竹笋

【调料】葱、姜、生抽、醋、料酒、香油

【做法】

1. 将猪肚清洗干净，将葱、姜洗净，葱切段，姜切片。
2. 倒清水入锅，加入葱段、姜片和少许料酒后用大火煮沸，将猪肚下锅，用小火焖煮至熟，然后捞出凉凉。
3. 将黄瓜、青椒和竹笋洗净切丝，将竹笋丝和青椒丝用开水焯一下。
4. 将猪肚切丝，肚丝放入盘中，将黄瓜丝、竹笋丝和青椒丝也码入盘中。
5. 浇上生抽、香油和醋，搅拌均匀即可上桌。

【猪肚】

猪肚性温，能补益脾胃，对中气不足、便频、男子遗精、女子带下等病症都有好处；适合脾胃虚弱、食欲不振的人食用，但不适合湿热内蕴者食用。猪肚适合与绿豆芽、糯米、莲子和金针菇同吃，不适合与豆腐、芦荟同吃。

【做法小贴士】
1. 炖鸡时，尽可能用大一些的砂锅，并在一开始加足水，不要中途添水。
2. 在炖鸡前，可以用筷子或牙签在鸡身上扎几个孔，这样可以防止煮好后，鸡的皮肉分离。
3. 炖鸡应当以清补为要旨，不宜加太多种类的原料、调料，以免上火。

宫廷炖鸡

【原料】土鸡1只、大枣、枸杞、西洋参

【调料】盐、葱、姜、料酒

【做法】

1. 将整只鸡打理干净，放入沸水中焯一下，去掉血水。
2. 将葱、姜洗净，葱切段，姜切片；将枸杞、大枣洗净备用，西洋参切片。
3. 将整鸡放在砂锅内，加入葱段、姜片、大枣、西洋参片，倒入少许料酒，然后根据锅的大小和原料的数量，加入足量清水。
4. 盖好砂锅盖后，先用大火煮，待水沸后改为小火，炖90分钟左右。
5. 这时打开锅盖，加入枸杞、盐，再炖10分钟即可。

【特色】

这道菜色呈金黄，香气扑鼻，滋味鲜美，滋阴润肺。

亮油茄子

【原料】长茄子 2 根、红青两种尖椒各 1 只
【调料】盐、鸡精、白糖、胡椒粉、淀粉、葱、姜、蒜、香菜、生抽、醋
【做法】
1. 将两个长茄子洗净，切成条状，加入少许盐和淀粉，放置 5 分钟。
2. 将炒锅烧热后倒入油，分几次将茄条下锅，炸后从油中取出。
3. 将葱切段，姜、蒜、红青两种尖椒切末放入剩油中，边炒边放少许盐，再将炸好的茄条加入一同煸炒。
4. 加入生抽、醋、白糖，撒少许鸡精、胡椒粉，加入蒜末和香菜碎点缀，即可出锅。

【做法小贴士】
1. 茄子洗净后无须去皮。
2. 第一次炸茄子的时候炸成浅金色即可，不要炸得过焦。

欧阳雪供稿

莲子醉红枣[1]

【原料】红枣 20 颗、莲子 30 颗
【调料】花雕酒
【做法】
1. 将莲子洗净，用清水浸泡 2 小时左右。
2. 将红枣在清水中浸泡 5 分钟，轻轻地逐个洗净，注意不要弄碎外皮。
3. 将莲子和红枣放在锅里加适量水，盖上锅盖后用大火煮，水沸后用小火煮 5 分钟，将莲子和红枣捞出凉凉。
4. 将凉透的红枣和莲子放在玻璃器皿中，倒入花雕酒没过红枣和莲子，然后盖紧盖子，放在冰箱冷藏室或阴凉处，大约 3 天后即可食用。

【特色】
这是一道南方口味的小菜，是一道佐餐佳品。花雕口感细腻香醇且能暖胃，莲子和红枣酥香甜润。

【莲子】
莲子能安心养神、健脾止泻，对体质虚弱、心慌不安、失眠等症状有调理的作用，但不适合大便干燥、气滞、腹胀的人食用。莲子适合与桂圆、山药、南瓜、枸杞、猪肝、猪肚等食物同吃，不适合与甲鱼同吃。

【红枣】
红枣即大枣，能健脾胃、补气血，适合营养不良、贫血的人食用；不适合糖尿病患者。另外，红枣适合与鲤鱼、荔枝、桂圆、木耳、栗子、南瓜、赤豆、核桃等食物同吃，不适合与葱、鱼、蟹、鳖一起吃。

---

[1] 红枣即大枣。

健一公馆供稿

【做法小贴士】
1. 做这道泡菜时可以用自己喜爱的蔬菜做主料，但最好不要用芹菜，口感不佳。
2. 在吃了一部分之后，可以继续用坛中的泡菜汁制作更多的泡菜，方法是把坛中的小菜丁捞出，放入新的小菜丁，继续用原泡菜汁浸泡。

尚荷居供稿

家庭泡菜

【原料】白萝卜、心里美萝卜、胡萝卜、野山椒（又名小米椒）、甘蓝根
【调料】盐、味精、白糖、花椒、八角、豆蔻、姜、蒜、山柰、香叶、白醋、米酒
【做法】
1. 将野山椒泡水加入白醋、白糖、盐、味精制成泡菜汁，装在小坛子或玻璃容器中。
2. 将花椒、八角、香叶、山柰、豆蔻包成料包用开水泡，泡两遍，将料包里的黑色物质泡出来后，将料包凉凉，放入泡菜汁中。
3. 将白萝卜、胡萝卜、心里美萝卜、甘蓝根、蒜、姜切小丁放入泡菜汁中，加入少许的米酒浸泡，大约24小时后可食用，2～3天泡透后，口感最佳。
【特色】
这道菜酸辣香脆，乃是开胃佳品。
【山柰】
山柰又名沙姜，性温味辛，可以入药，主治急性肠胃炎、胃寒、腹泻、跌打损伤等病症。在烹调中，山柰常常与花椒、辣椒等搭配使用，用于制作烧、卤类的菜肴或麻辣火锅，能为菜肴带来芳香奇特的味道。

健一公馆供稿

蟹黄豆腐

【原料】嫩豆腐 300 克、熟咸鸭蛋 3 个、瘦猪肉 150 克
【调料】盐、味精、料酒、高汤
【做法】
1. 将嫩豆腐洗净，放到沸水中焯一下，然后捞出切成小块。
2. 剥开咸鸭蛋，将蛋黄取出，捣碎后备用。
3. 将猪肉剁成肉末，用盐、味精和料酒将肉末腌制 10 分钟左右。
4. 将炒锅烧热，倒入适量的油，油烧热后将肉末下锅翻炒，待肉末炒熟后再放入豆腐和碎蛋黄，轻轻地炒两下，再加入少许盐、高汤和味精，即可出锅。

【做法小贴士】
1. 如果在做此菜的时候手边没有高汤，那么不放亦可。
2. 在做这道菜时，选择蛋黄流油的咸鸭蛋最为美味。咸鸭蛋以江苏高邮产的最为有名。

另一种做法

【原料】嫩豆腐 300 克、蟹肉 100 克、鸡蛋 1 个、虾仁 50 克、豌豆 50 克
【调料】盐、姜、葱、湿淀粉
【做法】
1. 将嫩豆腐洗净，放到沸水中焯一下，然后捞出切成小块；将姜切片，葱切末；豌豆氽至五成熟备用。
2. 将蟹清蒸至熟，取出里面的蟹肉，如果有蟹黄也一并取出备用。
3. 将鸡蛋打到碗里，用筷子搅散备用。
4. 将炒锅烧热后倒入适量油，油热时将姜片下锅爆香，再将蟹肉、蟹黄和虾仁下锅翻炒，最后下入豆腐块和豌豆。
5. 将豆腐轻轻翻炒几下后，在炒锅里加水没过所有材料，烧开后以湿淀粉勾芡，再加入蛋液，最后放盐。
6. 在出锅前撒上葱末即可。

【做法小贴士】
做这道菜时，如果手边没有新鲜螃蟹，可以用蟹柳代替蟹肉，并使用高汤。

【螃蟹】
螃蟹含有丰富的蛋白质，颇有滋补之效，可与冬瓜、姜、蒜、枸杞和辣椒等食物同吃。但蟹肉性寒，因此不适合患有哮喘、慢性皮炎等痼疾的患者以及处于生理期和孕期的女性食用，也不适合与柿子、兔肉、番薯、蜂蜜、茄子、芹菜、花生、大枣、南瓜以及维生素 C 含量高的水果同时吃。另外，吃螃蟹时还不宜喝冷饮。

口水鸡

【原料】整鸡 1 只
【调料】盐、味精、八角、丁香、小茴香、豆豉、干辣椒、熟芝麻、豆蔻、肉桂、葱、姜、蒜、香叶、生抽、花椒、醋、豆瓣酱
【做法】
1. 用纱布包起八角、香叶、肉桂、豆蔻、丁香、花椒、小茴香、葱、姜，做成料包，将料包放在清水中，加入盐和味精煮沸，而后用小火煮 10 分钟，制成白卤。
2. 将打理干净的整鸡放入白卤中，煮 20～30 分钟。为了防止鸡的皮肉分离，可以用筷子在鸡身上扎几个小洞。
3. 将煮好的鸡凉凉，剁成块，放入盘中备用。将蒜切末备用。
4. 将炒锅加热，倒入适量油，将豆豉、豆瓣酱、干辣椒（要提前用水发好）下锅，用中火翻炒，制成红油，倒出备用。
5. 将炒锅洗净并重新上火，倒入适量油，取几粒花椒下锅翻炒，炒熟后将花椒捞出，打成粉末备用。
6. 在盛好鸡块的盘中加入生抽，点少许的醋、味精、姜水，加入少许蒜末，搅拌好后浇上红油，撒上花椒末和少许葱末、熟芝麻，即可上桌。

【做法小贴士】
在将煮好的鸡切块时，可按自己的心意切成大小不同的块。

尚荷居供稿

九转大肠

健一公馆供稿

【原料】

猪大肠 3 根（重约 750 克）

【调料】

醋 50 克、料酒 10 克、生抽 15 克、老抽 25 克、白糖 100 克、香芹碎 15 克、葱、姜、蒜、胡椒粉、肉桂粉、砂仁粉、高汤、盐各适量

【做法】

1. 用醋和盐揉搓、清洗生的猪大肠，去掉黏液污物。
2. 将猪大肠冲洗干净后放入沸水中焯一下，再放入另一个开水锅中，加入葱段、姜片、生抽和料酒，将大肠焖煮至熟。
3. 将大肠捞出凉凉，切成约2.5厘米长的小段。
4. 将炒锅烧热，倒入适量油烧至七成热，将大肠段下锅炸一下，然后捞出沥油。
5. 将炒锅内留适量底油，加入白糖，等白糖变成金黄色并冒出气泡后，将大肠段下锅翻颠，让大肠均匀沾上糖色。
6. 将葱末、蒜末和姜末下锅，与大肠一起翻炒，加入料酒、老抽、醋、高汤、水、盐、胡椒粉、肉桂粉、砂仁粉和白糖，用小火烧15分钟左右，待汤汁收紧后即可出锅。
7. 将香芹碎撒在大肠上和盘边作为点缀。

【九转大肠的来历】

九转大肠是清朝光绪年间，由济南九华楼首创，店主杜某是一个巨商，对"九"有着特殊爱好，因其店猪肠做法极其考究，下料重，色泽红润，大肠软嫩鲜香，咸、甜、酸、辣，久食不厌，特用九转仙丹之名对其赞美。猪大肠有润燥、补虚等功效。

健一公馆供稿

酱爆安格斯牛柳

健一公馆供稿

【原料】 安格斯牛肉 200 克、洋葱 80 克、青椒 60 克
【调料】 嫩肉粉 1/4 茶匙、太白粉 1 茶匙、蛋白粉 1 大匙、细糖 1 茶匙、蒜末 1/2 茶匙、姜末 1/2 茶匙、生抽 1 茶匙、太白粉水 1/2 茶匙、辣椒酱 1 大匙、番茄酱 2 大匙、高汤 50 毫升

健一公馆供稿

【做法】
1. 将牛肉切成 3 厘米长的条状或大小适当的块状，用嫩肉粉、太白粉、生抽、蛋白粉拌匀腌渍约 15 分钟备用。
2. 将洋葱及青椒切成约与牛肉同宽的片，洗净沥干备用。
3. 将炒锅上火烧热，倒入适量油，将腌好的牛肉放入锅中以大火快炒至牛肉表面变白即捞出。
4. 再另热一个炒锅，倒入适量油（约为步骤 3 中所需的油的一半），先以小火爆香蒜末及姜末，再加入辣椒酱及番茄酱拌匀，再转小火炒至油变红且香味溢出。
5. 在步骤 4 所用的锅中倒入高汤、细糖、青椒及洋葱，转大火快炒约 10 秒，加入牛肉快炒 5 秒，再加入太白粉水勾芡即可。

【特色】
安格斯牛肉是美国进口的牛肉，口感细致，含不饱和脂肪酸。

Winter

冬

冬季养生篇——冬至阳生春又来
适合冬季的食材——冬令滋补
冬季健康菜

冬季养生篇

一 季节与起居

1. 冬季的季节特点

经过萧瑟秋寒，日暮苍山，斜阳疏竹，严冬时节到来。由立冬开始，历经小雪、大雪、冬至、小寒、大寒共6个节气，气温急剧下降，万物凋敝，一派肃杀之气，这便是阳气收藏的表现。

相对于春夏阳气外泄的状况，自立冬起，人体的阳气就开始内敛，进入收藏的状态，以保护人体平安度过严酷的冬季。整个冬季，寒冷、大风、阴寒都将对人体产生剧烈的影响。因此，冬季有很多需要注意的事项。

冬季重在养肾。为了适应自然界的变化，需要维持、养护好肾脏的正常生理机能，如果肾功能受损或过旺，则身体机能容易紊乱，其他脏腑器官也将受到影响。

冰冻三尺，非一日之寒。如果我们能够顺应冬季的自然规律，合理调配饮食，用心关注起居作息，提高自己的养生意识，那么不仅可以改善体质，也能令一年有一个良好的结尾。

2. 冬天的起居养生要点

　　天寒地冻、万物凋敝的冬季是感冒、抑郁等症候的多发季节。安排好饮食起居，可以提高身体的免疫力，同时也就降低了患病的概率。

　　在冬季，阴气盛极，草木凋零，昆虫蛰伏，万物收藏，人体的新陈代谢也随之趋缓。因此，冬季起居养生的基本原则是避寒就温、敛阳护阴。敛阳护阴的方法很多，从生活起居上讲，要适应冬季之闭藏特征，"早卧晚起，必待日光"。早睡以养人体之阴气；待日出而迟起以养阳气，使阴阳达到相对平衡的状态。

　　冬季是养肾的好季节，冬季饮食适合减咸增苦，以养心气。从调适精神状态的角度来讲，冬季应当保持精神安静自如、含而不露。另外，冬季切勿过于激动或大喜大悲。

二　冬季食材

·冬季宜吃的食物

1. 食用滋补、热量较高的食物

　　在一年中最冷的冬季，养生以"藏"为主，即以敛阴护阳为根本，以顺应体内阳气的潜藏。因此，在饮食上以食用滋阴潜阳、热量较高的食物为宜，如羊肉、牛肉、鹌鹑、甲鱼、虾、枸杞、韭菜、黑木耳、核桃、桂圆、栗子、芝麻、糯米等食物，都能为人体提供充足的热量，起到防寒养肾的作用。不过，滋补的食物也不宜食用过多，以免虚火上升。

2. 注意补充富含维生素的食物

　　冬季寒邪强盛，容易伤及人体的阳气，造成血液循环不畅，从而出现恶心、头痛、全身酸痛、咽喉干痛等症状。此时，应该注意补充维生素，适合食用如黄豆芽、胡萝卜、白萝卜、油菜、大白菜、甘蓝等蔬菜。

3. 食用清淡的食物养神护阴，平和肾气

　　清淡的食物有助于静心安神。在冬季，这些食物既利于肠胃消化，又能改善浮躁的情绪。因此，不妨多食用豆制品、香菇、莲子、银耳、大枣这样的清淡食物，喝牛奶或红茶，这些都能起到较好的静心养神、平和肾气的作用。

4. 多吃苦味以养心气

　　肾主咸味，心主苦味。苦味能助心阴，咸味入肾，但咸也伤肾。因此，在以养肾为先的冬季，可以吃些苦味的食物以助养心，并适度吃咸味食物，也适合食用巧克力和苦杏仁等。

• 冬季忌吃的食物

1. 冬季防足寒，应少吃生冷、黏硬的食物

　　人的足部距离心脏最远，血液供应少且慢，是容易受到寒邪侵袭的部位。中医理论认为，足部若受寒，势必影响人体的内脏，易引起腹泻、行经腹痛、月经不调、阳痿、腰腿痛等病症，所以必须要注意足部的保暖。在严寒时节，有人喜欢用制暖电器取暖烤足，但这样容易导致足部皮肤皲裂。临睡前用热水浸泡是很好的方法，但最好的办法还是靠饮食来提供能量。冬季忌吃黏硬、生冷的食物，否则不但会伤及脾胃，更会导致足凉，从而引起整个身体的不适。

2. 冬季要少吃寒性食物

　　冬三月草木凋零、冰冻虫伏，人的脾胃功能相对比较虚弱，这时如果再吃寒凉的食物，容易损伤脾胃的阳气。因此，冬季应少吃荸荠、柿子、西瓜、生萝卜、生黄瓜、鸭肉等性凉的食物。同时应注意不要吃得过饱，以免引起气血运行不畅。

三　初、仲、晚冬饮食宜忌

1. 初冬的气候特点和饮食宜忌

　　冷冷初冬一夜风，落叶满地，寒意透骨，冬季的威力已经在慢慢地显现，太阳也失去了夏季的热度。虽说是，荷尽已无擎雨盖，菊残犹有傲霜枝，但偶尔也会有"不知庭霰今朝落，疑是林花昨夜开"的景致。

在这样的气候特点下，如何才能保证机体的健康呢？首先需要考虑的就是饮食。

在肾气强盛、肺气虚弱的初冬寒冷天气里，按中医的理论，过于生冷和燥热的食物易耗阳气，都不宜此时吃。性热味辛的辣椒不宜多食，会损害人体血脉；性寒的莼菜，会伤及脾胃、肾脏，容易导致肾炎、胃痛等疾病，也要尽量少吃。

在初冬时节，应当适当吃一些热量高且滋阴潜阳的食物，如甲鱼、黑木耳、藕、芝麻等。由于初冬时节人的机体开始进入封藏状态，可适当吃萝卜、青菜、菠菜等新鲜蔬菜，为机体提供足量的维生素，以达到养阴滋补的功效。

2. 仲冬的气候特点和饮食宜忌

仲冬是"严霜遍撒"、"地冻天寒"的时节，可谓飕飕寒风刺骨，冬深岁岁雪降。在这个人体阴阳气交的关键时期，从饮食上做到进补和防寒保暖，对减少人体阳气消耗很有好处。

此时，应多吃一些滋补肾阴、强健筋骨、补血益气的温热食物，如牛肉、羊肉、乳鸽等。对于有胃病、体质较弱的人，应忌食螺、蚌、蟹等海产品，因为这些食物性寒，在仲冬食用会伤及肾脏，容易引起伤风、腹泻、发热等症状。而同属性寒之物的生菜叶也最好不要食用，容易伤及心脏。

3. 晚冬的气候特点和饮食宜忌

防寒保暖可以说是深冬饮食必遵的原则，由于此时气温已经处于一年中最低的时候，人体阳气容易被扰动。因此，为了使人体与"冬藏"的规律相呼应，以达到滋养阴气、固护精气的养生目标，在饮食方面更应有所讲究。

这时，本着保暖的原则，应吃一些能为人体带来充足热量的食物，如羊肉、狗肉、鹌鹑、枸杞、芝麻等，可以起到养肾防寒的作用。

对肾脏不利的性热食物应当少吃。而冻伤的水果蔬菜大多营养已流失，也对人体脏腑非常不利，一定要避免食用。炖猪肉这样的性平偏凉之物也还是少吃为好，免得伤了神气。

4. 适合冬季的烹饪方法

冬季烹饪加工食物的方法是否科学、合理，直接影响到保健的效果。炒、清蒸、炖、红烧、煎炸、熬、煮7种烹饪方法比较适合冬季菜肴。

四 特别篇：冬季养肾

在中医理论中，冬季是"肾阴"旺盛的季节。如果在冬季失于调养，伤了肾气，那么到来年便会导致肾气不足，以致生病。因此在冬季，应当在修身、饮食、起居等方面多加注意，调养肾脏。

冬季养肾有下列一些需要注意的事项：

1. 要多喝水。因为冬季气候寒冷干燥，多喝水有助于促进新陈代谢和血液循环，而且也能减少人体

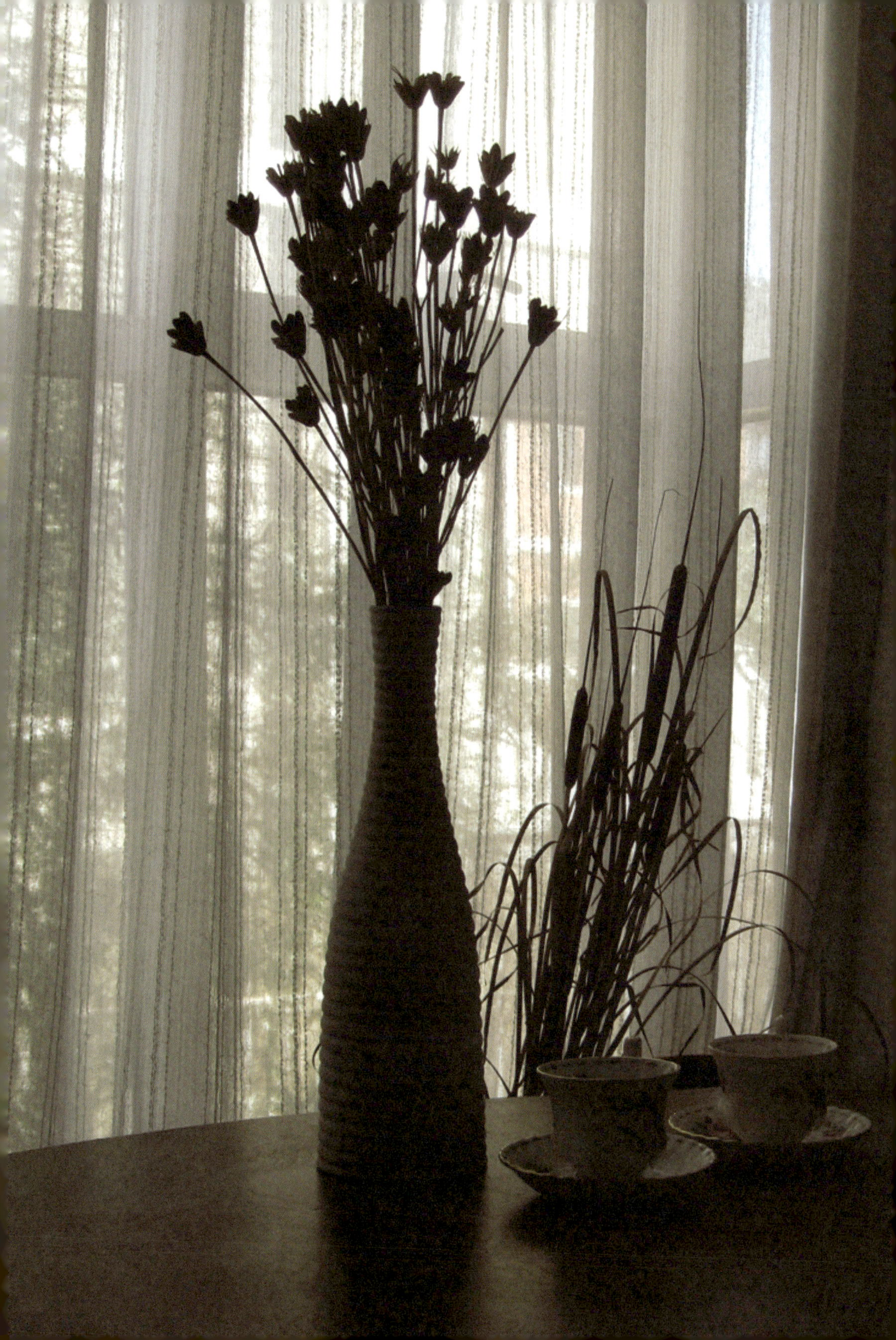

内的毒素对肾脏的伤害。

2. 多运动。日常的生活起居要规律化，以达到更好地预防多种慢性呼吸道系统疾病和增强肾功能的效果。

3. 食用一些补益肾气、滋阴壮阳的滋补食品，如归姜羊肉汤、红枣糯米粥等。许多人认为人参粥也有同样的功效，但人参只壮阳，不滋阴，食用时一定要注意。患病的人也不要盲目滋补，应当尽量遵医嘱进行。

4. 饮食要合理。为避免加重肾脏的负担，切忌摄取过多的蛋白质和盐分。另外，也不宜多饮用含有额外盐分和电解质的饮料，尤其对于有肾病的人。

5. 按时睡觉。保证睡眠时间的充足，能促使肾部的血液流量增加，细胞功能也会随之提高。

总之，在选择冬季养肾的食材方面，要十分讲究，也要全面。尤其在肾阴的冬季，可以选择一些壮阳滋肾的食材，如狗肉、羊肉等。还可选择一些强肾入肾的食材，如乌骨鸡、黑芝麻、黑枣、紫菜等以"黑"著称的食材。但切忌选择过咸的食材，因为咸味入肾，会导致肾水更加寒冷，也要忌寒凉。

下面推荐几种冬季养肾菜品，供大家选择。

第一道：紫米薏仁养肾粥

【原料】薏仁、糙米、紫米
【调料】白糖
【做法】
1. 把糙米、紫米、薏仁用清水淘洗干净，然后放入清水中浸泡2小时左右。
2. 将泡好的糙米、紫米和薏仁放到锅里，加入适量的水大火煮开。
3. 待水煮开后，改用小火继续煮，可以适当进行搅拌。
4. 大约半个小时后，往锅里加入适量的白糖，即可食用。

【特色】
薏仁能健脾益肾，紫米补肺养胃。此粥既能养肾护肾，还有消除水肿之功效。

第二道：海参粥

【原料】大米、海参

【调料】盐、葱、姜

【做法】

1. 将发制好的海参清洗干净，切成小块备用。
2. 把准备好的大米和做过处理的海参一同放到锅里。
3. 往锅里加入适量的水，加入葱、姜、盐各适量，熬制成粥，即可食用。

【特色】

海参能滋阴补肾，益精养血。此粥适合精力下降和精血不足的人食用。

第三道：软炸虾仁

【原料】虾仁、生粉、面粉、鸡蛋

【调料】盐、味精、花椒盐、胡椒粉、料酒

【做法】

1. 将备好的虾仁洗净，用料酒、盐、胡椒粉和味精腌制1～2分钟。
2. 将鸡蛋打到碗里，只取蛋清备用。
3. 准备一个盆，加入面粉、少许水、生粉、蛋清，调成糊状，将虾仁倒入糊中拌匀。
4. 将炒锅上火，倒入油烧热，将拌成糊状的虾仁下入油中炸成金黄色。
5. 把炸好的虾仁捞出来，继续加热锅中的油，待油温上升到180℃左右时，再次将虾仁下入锅中过一下滚油，然后迅速将过了油的虾捞出盛盘。
6. 撒上花椒盐即可上桌。

【特色】

虾仁能补肾壮阳。这道菜不仅美味，也是食疗佳品。

冬季推荐食材

- 大白菜 —— 大白菜富含维生素和钙，素有"百菜之王"的美称。它的汁能解渴，还可除却胸中烦闷，有利于肠胃和大小便的通畅。因为它味甘性平而无毒，所以在冬季各种蔬菜中，无疑少不了这种既经济又实惠的蔬菜。

- 胡萝卜 —— 胡萝卜有非常高的营养价值，因此被人们称为"土人参"。其富含的胡萝卜素，经人体吸收转为维生素A，对视力很有好处，同时对人体免疫力的提高也有一定帮助。

- 萝卜 —— 说到冬季的养生食材，萝卜是必不可少的。它富含糖分、维生素和芥子油，以及大量的粗纤维，因此，不仅对胆石症、冠心病及动脉硬化等病症有一定预防作用，还能在冬季帮助人体稳定血压、降低血脂。

- 藕 —— 藕含有蛋白质、糖类以及多种矿物质和维生素，有很好的保健功效，既是营养品，也可以入药，在种类繁多的蔬菜中堪称佼佼者。尤其在冬季，对体弱多病的人来说，藕无疑是不可多得的优质补品，男女老少皆宜。

- 油菜 —— 油菜味甘性凉，能消毒宽肠、通便消肿，有强身健体的功效。在寒冷的冬季，油菜也是唯一的油料作物。

- 黑芝麻 —— 黑芝麻含有大量脂肪油、卵磷脂、蛋白质、磷、铁等营养成分，能补肝肾、乌发、润肠。老年人食用黑芝麻，对因肝肾不足导致的眼花、眩晕、耳鸣、发枯等症状很有好处。黑芝麻还适合产妇食用。

- 牛奶 —— 牛奶含有蛋白质、脂肪、碳水化合物，以及多种维生素和矿物质。牛奶可以补充钙质、润肠胃、养元气，适合老人、儿童和患有糖尿病、高血压、冠心病等病症的人饮用。

• 羊肉 —— 羊肉中蛋白质、脂肪、碳水化合物、灰分和矿物质的含量都很丰富。由于其性温热,对产后出血、身体虚弱及腹痛、虚寒、畏冷、腰疼肾虚等疾病都有良好的治疗作用;还有助于元阳、精血及肾气的恢复调理。

• 狗肉 —— 狗肉中含有多种氨基酸和维生素,其性温而味咸,尤其适合在寒冷的冬季食用。狗肉醇厚的味道中蔓延着微微的芳香,沁人心脾,故而,常被人们称为"香肉"。其蛋白质含量与脂肪含量均匀,是非常理想的滋补食材。

• 海参 —— 海参的天然营养成分含量丰富,单是其中的蛋白质就含有十几种氨基酸,而其中精氨基酸的含量很高。

• 鲤鱼 —— 鲤鱼富含可被人体吸收的高质量蛋白质、维生素和矿物质,能补虚健胃,消肿利水。食用鲤鱼肉对各种水肿的病症均有好处,但是由于鲤鱼性发,因此不适合患有皮肤病、淋巴结核、哮喘等痼疾的人多吃。

• 鲫鱼 —— 鲫鱼在冬季尤其肥美,因此人们有"冬鲫夏鲇"的说法。鲫鱼肉中的蛋白质和维生素都很丰富。中医认为鲫鱼味甘性平,具有和中补虚、健脾开胃的功效,也有助于孕妇下奶。冬季吃鲫鱼尤其滋补,不过需要注意的是,不宜与蒜、砂糖、芥菜、蜂蜜、猪肝、鸡肉等食物同吃。

• 鱼翅 —— 鱼翅中含有多种营养成分,如铁、钙、脂肪、磷等。因其蛋白质含量极高,所以一直被认为是冬季滋补的高档食材。

冬季菜做法

健一公馆供稿

咖喱土豆炖牛腩

【原料】牛腩 300 克、土豆 300 克、洋葱半个、胡萝卜 1 根
【调料】盐、咖喱块 3 块、生抽、老抽
【做法】
1. 将牛腩切块,在冷水中反复冲洗干净。
2. 将牛腩放入沸水中焯一下,迅速捞出。
3. 将土豆洗净去皮,胡萝卜洗净,切块备用。
4. 炒锅烧热后倒入适量的油,将牛腩下锅翻炒,并加入适量的生抽和老抽,待牛腩将熟时加少许盐。
5. 将土豆块、胡萝卜块下锅与牛腩一同翻炒,然后给炒锅中加入适量开水,用小火清炖。
6. 将洋葱洗净切丝,等到锅里的土豆和胡萝卜将熟的时候,把洋葱丝放到锅里搅匀。
7. 加入咖喱块并搅匀,等待咖喱块充分溶解并炖 5 分钟左右即可出锅。

【胡萝卜】
胡萝卜能益气养血,润肺健脾。胡萝卜中含有大量的胡萝卜素,对眼睛很有好处。胡萝卜性平,诸病无忌,适合与香菜、绿豆芽、菠菜、莴笋、荸荠、黄豆和猪肝搭配食用。但是不适合与醋、萝卜、西红柿、辣椒、莴笋、木瓜同吃。

【做法小贴士】
放入咖喱块后,可以视汤汁的稀稠程度决定如何操作。如果汤汁有点稀,可大火收稠;如果过稠,可适量加入开水,搅拌均匀,即可出锅。

另一种做法

【原料】牛肉300克、红绿尖椒各1只、胡萝卜1根、土豆300克

【调料】盐、葱、姜、蒜、咖喱块、生抽

【做法】

1. 将牛肉、红绿尖椒、胡萝卜、土豆洗净切丁备用，土豆切丁前需先去皮。将蒜切末备用。

2. 将炒锅中倒入油，下入葱末、姜末，放入牛肉丁炒一下，接着下入胡萝卜丁和土豆丁，滴少许生抽和盐进行煸炒，最后加入红绿尖椒丁。

3. 将咖喱块用清水化开，倒入锅中，用小火烧3分钟，炒成均匀的糊状，撒上蒜末，即可出锅。

欧阳雪供稿

葱烧蹄筋

【原料】牛蹄筋（泡发后约 300 克）、水发黑木耳 50 克
【调料】盐、葱、姜、蒜、老抽、湿淀粉、料酒、清汤
【做法】
1. 将发制好的牛蹄筋切成 3～4 厘米长的条状，放入沸水中焯一下。
2. 将葱洗净切成约 4 厘米长的葱段，蒜拍碎，姜切成丝，黑木耳洗净备用。
3. 把炒锅烧热后入油烧热，下入葱段，炸成金黄色后捞出，再倒出一部分葱油备用。
4. 将蒜和姜放入油锅中炝炒，再加入料酒、清汤和盐后烧开，将姜和蒜捞出。
5. 撇去炒锅里的浮沫后，将蹄筋、炸葱段和黑木耳下锅用小火烧制，并加入老抽。
6. 蹄筋变软后用湿淀粉勾芡，最后盛盘，淋上葱油，最后将炸葱段码放在盘周即可。

【特色】
这是一道传统名菜，也是著名的清真菜，香气浓郁，色泽鲜艳。

【做法小贴士】
这道菜也可以用鹿筋来做。

健一公馆供稿

【做法小贴士】
1. 慢炖时如果加入矿泉水，味道更佳。
2. 浇在猪腩排上的原汁最好过滤一下。

健一公馆供稿

宫廷酱排骨

【原料】猪腩排 600 克

【调料】盐、味精、八角、桂皮、鸡粉、淀粉、冰糖、葱、姜、生抽、香醋、番茄酱、色拉油

【做法】

1. 将猪腩排洗净，切成约 10 厘米长的块状备用。
2. 煮沸半锅清水，将切好的猪腩排下水焯一下，捞出凉凉。
3. 将淀粉和生抽混合成浆状，在猪腩排外裹上薄薄一层。
4. 将炒锅烧热，倒入适量色拉油烧热后，将猪腩排下锅煎成金黄色。
5. 向锅内加入番茄酱、生抽、香醋、冰糖、味精、鸡粉、盐、姜、葱、八角、桂皮和适量水，用小火慢炖大约 1 小时。待锅内的汤汁收紧后，将猪腩排盛盘，再浇上少许原汁，即可上桌。

乱炖

【原料】五花肉 300 克，豆角 200 克，土豆 200 克，西红柿、青椒、茄子各适量
【调料】盐、葱、姜、生抽、大酱、料酒
【做法】
1. 将所有主料洗净，五花肉切成块状，西红柿、茄子切滚刀块，土豆去皮切成滚刀块。
2. 将青椒掰成小块，豆角掰成约 4 厘米长。
3. 将葱姜切末备用。
4. 把炒锅烧热后倒入油，油热后将五花肉下锅煸炒，而后加入大酱和葱姜末来回翻炒。
5. 将切好的西红柿下锅翻炒，再继续依次放入豆角、土豆、茄子和青椒，加盐翻炒。
6. 在锅里加水并开旺火，水应没过所有的菜 1 厘米多。
7. 开锅后应将火关小，加料酒，炖 15～20 分钟，等到锅里的汤和菜呈现出黏稠的状态，即可出锅。

【土豆】
土豆的学名是马铃薯，含有丰富的矿物质、蛋白质以及大量淀粉。土豆适合脾胃气虚的人以及患有癌症、高血压、动脉硬化和便秘的人食用；不适合患有糖尿病的人食用。适合与土豆同吃的食物有豆角、芹菜、南瓜、牛肉和醋，不宜与土豆搭配食用的食物有石榴、香蕉和柿子。发芽的土豆有毒，应当忌食。

【青椒】
青椒又名甜椒，是辣椒的改良品种，富含维生素 C。它能促进食欲，对防治坏血病很有好处。在生活中，洗青椒时应当先去掉蒂头，再用清水冲洗。这是因为农药通常都积在蒂头周围，不去掉容易洗不干净。青椒适合与苦瓜、鸡蛋、鳝鱼和各种谷类同吃；不宜和羊肝一起吃，会伤害五脏。

【大酱】
大酱是东北特产，是黄豆经发酵制成，营养比直接吃黄豆更容易消化、吸收。

健一公馆供稿

【做法小贴士】
1. 切土豆时，可以尽量将土豆切薄些，这样比较容易熟。
2. 可以根据个人喜好加入其他原料，如玉米也是适合做乱炖的好原料。
3. 最好用东北大酱来做这道菜，普通的黄酱口感会稍逊。
4. 菜出锅时可以撒上香菜碎。

健一公馆供稿

凉拌核桃仁

【原料】核桃仁300克，红、绿辣椒各1只

【调料】盐、味精、白糖、姜、蒜、生抽、醋、香油

【做法】

1. 将核桃仁洗净掰开。红、绿辣椒切成细丝。

2. 把少许姜去皮切成细丝，蒜切成末，把切好的辣椒丝放在沸水中焯一下。

3. 将炒锅烧热，倒入少许油，将核桃仁下锅翻炒，等到发出香味即可出锅。

4. 在盘中放入红、绿辣椒丝和姜丝、蒜末，加入醋、盐、白糖、香油、生抽和味精，搅拌均匀即可。

【核桃仁】

核桃仁性温味甘，有补血养气、润肺通便之功，适合冬季食用。核桃仁可以煮、炒、蘸白糖以及直接生吃，可以补脑、抗衰老。核桃适合与梨、哈密瓜、山楂、大枣、芹菜、百合和牛奶同吃，不适合与黄豆、鸭肉、甲鱼、白酒同时食用。

【做法小贴士】

在做这道菜时，也可以根据个人口味加入其他调料或配菜，如加入红油调味，或加入白斩鸡的鸡肉丝都很合适。

健一公馆供稿

蒜汁白肉

【原料】五花肉 300 克、黄瓜 1 根
【调料】八角、葱、姜、蒜、香菜、生抽、醋
【做法】
1. 将五花肉洗净，放入锅中，加入适量的水和少许葱、姜、料酒、八角后大火煮沸，然后改小火煮约 30～40 分钟，直到肉熟为止。
2. 将肉盛出，凉凉后切薄片。
3. 将黄瓜洗净，斜刀切成片，铺在盘底。将切好的肉盛盘，放在黄瓜片上面。
4. 将醋、生抽混合，加入姜丝、蒜末和切碎的香菜，制成调料。
5. 将调料浇在肉和黄瓜上即可；也可用肉和黄瓜蘸料食用。

【蒜】
蒜能杀菌、降血脂、暖脾胃，是日常生活中不可缺少的蔬菜，但不适合患有便秘、胃溃疡、十二指肠溃疡等病症的人食用。蒜适合与洋葱、蘑菇、黄瓜、生菜、豆腐、猪肉和猪肝同吃，不宜和大枣、鸡肉、鸡蛋、蜂蜜、地黄、何首乌同吃。

话梅仔排

【原料】 话梅糖 8 粒、猪肉排 500 克

【调料】 淀粉、姜、老抽、米醋

【做法】

1. 将猪肉排洗净后用清水煮沸，然后将肉排捞出。将姜切末备用。
2. 将话梅糖放进锅里，加入 1~2 碗水，将糖煮化成为糖水。
3. 将炒锅烧热，倒入少许油，先下入姜末，等到姜末爆香后将肉排下锅煸炒。
4. 加适量热水，用大火烧开后改成小火焖至肉烂，加入话梅糖水和少量米醋调味，再加入少许淀粉勾芡。最后放少许老抽调色即可出锅。

【做法小贴士】
做这道菜时，话梅糖的数量可以根据个人喜好决定，通常用 6~8 粒。

健一公馆供稿

芥末墩

【原料】大白菜 500 克

【调料】盐、白糖、芥末、米醋、香油

【做法】

1. 将大白菜去掉外层的老帮，切去菜根，然后横切成约 4 厘米厚的圆段，即白菜墩。
2. 将白菜墩放在漏勺里，用开水浇淋 4～5 次。
3. 找一个干净的砂锅或瓷坛，用开水烫过后，将处理好的白菜墩整齐地码进去。每码一层，就在白菜墩上撒上少许盐、芥末、白糖，淋少许米醋和香油。
4. 盖好砂锅或瓷坛的盖，24 小时后即可取出白菜墩食用。

【芥末】

芥末中含有芥子油，辛辣芳香，刺激性强烈，能开胃、解鱼蟹之毒，适合在吃生鱼片时与生抽混合作为调料。芥末不适合孕妇和患有眼疾、胃病的人食用。

【大白菜】

大白菜能养胃通便，诸病无忌，与豆腐同吃营养价值最佳。

【做法小贴士】

1. 芥末墩是一道做法简单，历史悠久的民间风味菜肴，在秋冬季制作食用，其甜脆兼酸辣的爽口口味广受欢迎。在制作时可以根据个人口味决定盐、醋、白糖、芥末等调料的分量。
2. 芥末墩可以一次做很多，随时取用，但需要放在阴凉处保存（冰箱冷藏室亦可），并在每次食用时用干净的筷子夹取。

健一公馆供稿

健一公馆供稿

炝腰花

【原料】新鲜猪腰4个，笋片、黄瓜各50克
【调料】生抽、葱、姜、鸡精、绍酒、花椒油
【做法】
1. 将猪腰用清水浸泡30分钟后切成两半，片去里面的腰臊和筋膜后切成长方形的薄片状（或切成薄片再用麦穗花刀）。再将切好的腰花在清水中浸泡2小时。
2. 将黄瓜切成薄片，笋切成小片；将笋片焯一下，与黄瓜片一起放入盘内备用。
3. 把生抽、绍酒、姜末、葱末、鸡精、花椒油放入碗里拌匀。
4. 烧适量开水，加入绍酒和姜片后将腰花下锅焯一下，再捞出过凉水，最后将水分沥干。
5. 将腰花与笋片、黄瓜片一起放在盘中，将调味汁浇上面，拌匀后即可食用。

【麦穗花刀】
麦穗花刀是切法的一种，具体操作为：
1. 猪腰切成两半，放在案板上，腰子内侧向上，持刀用斜刀划出若干条平行刀纹，倾斜角度约为40度，深度为猪腰厚度的3/5。
2. 再将猪腰转一个角度，用直刀划出若干条与斜刀纹相交成90度角的平行刀纹，深度为猪腰厚度的4/5。
3. 切好的猪腰纵向等分一切为二，横向亦等分一切为二，即半只猪腰改刀成4块长方条，经入锅翻炒，卷曲后就成为麦穗形。

【做法小贴士】
1. 焯腰花时应注意时间，以免腰花变老。
2. 这道菜可以视情况加入水发木耳，只需与笋片一同在沸水中焯过即可。

澳洲牛肉粒

【原料】 进口牛里脊 300 克

【调料】 盐、鸡精、白糖、花椒、干辣椒、青蒜、豆豉酱、老抽、黄油、料酒

【做法】

1. 将牛里脊先切条，再切成小块，放入碗中。
2. 将切成块的牛里脊加料酒去腥，加一点老抽上色，再加少许盐，抓匀后腌制 5 分钟左右。
3. 往锅中放入黄油，待黄油化开后，将腌制好的牛肉放入锅中煎至五成熟。煎的过程中不要反复搅拌，适当翻动即可，煎好后倒出备用。这一阶段加热时间不要太长，否则容易变色。
4. 将炒锅加热后倒入油，待油烧热后先放入干辣椒，再放入花椒，煎 1 分钟左右后加入豆豉酱搅拌均匀，然后下入青蒜末搅拌均匀。这时将煎好的牛肉下到锅里，放少许白糖和鸡精，炒几分钟即可出锅。
5. 在上桌前，将干辣椒挑出。

【做法小贴士】
在做这道菜时，如果没有进口牛里脊，普通的牛里脊也可以。

健一公馆供稿

健一公馆供稿

椒盐肘子

【原料】猪肘子 1 个、鸭饼 1 份（荷叶饼）

【调料】盐、白糖、花椒盐、花椒、八角、桂皮、葱、甜面酱、老抽、清汤

【做法】

1. 将肘子放在明火上烧一下皮去毛（类似烧烤），然后清洗干净，去除大骨，在开水锅中焯一下。
2. 将炒锅加热后倒入油，油热后加入约 25 克白糖，待白糖呈金黄色并冒出小气泡即可。
3. 将肘子的外皮均匀地涂上一层糖色，放入盆中。
4. 用清汤加入盐、老抽、花椒、八角、桂皮煮开，制成酱汤倒入盆中，与肘子同蒸大约 2 小时，直到肘子软烂为止。
5. 锅中倒入 2 升油，烧至六成热时下入肘子，炸至外皮起焦，捞起切成条装盘，撒上少许花椒盐即可。这道菜上桌后还可以配上鸭饼、甜面酱和葱丝食用。

【特色】

这道菜香气四溢、外酥里嫩、肥而不腻、咸鲜味香，佐以花椒盐更加美味。椒盐肘子属于鲁菜菜系，系历史名菜。经过百年的流传，您不仅可以体会到历史的厚重，而且不会增加体重。

瓦罐黄豆炖猪蹄

【原料】猪蹄 2 个、黄豆 100 克

【调料】盐、味精、白糖、花椒、葱、姜、枸杞、料酒

【做法】

1. 将鲜猪蹄去毛后洗净，切成块状，将黄豆用水泡发。
2. 将葱、姜洗净，葱切末，姜去皮切片。
3. 煮沸一锅清水，加入少许料酒，将猪蹄下锅焯一下，捞出备用。
4. 将黄豆和猪蹄放入砂锅或瓦罐内，加入葱末、姜片、花椒，加入大半锅清水。
5. 用旺火烧开 5 分钟后，改用小火煲 2 小时左右，加入枸杞，再煲大约半小时。
6. 加入盐、味精和白糖，再用小火煲 5 分钟即可出锅。

【做法小贴士】

1. 将猪蹄下锅焯一下是为了去掉血水。
2. 黄豆需要泡 4～5 小时才能泡好。
3. 这道菜无须加各种调料，原汁原味即可做到浓稠美味。

健一公馆供稿

健一公馆供稿

荞面竹丝鸡

【原料】荞麦面、乌鸡
【调料】盐、味精、白糖、芝麻、豆豉酱、生抽
【做法】
1. 把豆豉酱用刀剁细，加盐、白糖、味精、生抽、芝麻和少许开水拌匀，做成酱料备用。
2. 煮开半锅水，将荞麦面下锅煮熟后捞出备用。
3. 乌鸡放入清水中煮10～15分钟，注意不要把乌鸡煮烂。
4. 将煮熟的乌鸡从水中捞出凉凉，将乌鸡肉切成丝。
5. 把煮好的荞麦面放在盘中，码上切好的鸡丝。
6. 将调好的酱料浇在荞麦面和鸡丝上面，搅拌均匀即可上桌。

【乌鸡】
乌鸡又名乌骨鸡，是滋补上品。乌鸡肉与家鸡肉相比，含有更丰富的铜和铁元素，具有补益肝肾、调养气血的功效，对月经期的妇女很有好处，适合体质羸弱的人食用。在感冒发烧时，应当忌食乌鸡。

【荞麦】
荞麦能消食健胃，适合食欲不振、食积不化的人食用，对高脂血症、高血压、动脉硬化等病症的患者都有好处。但荞麦性凉，不适合脾胃虚寒者食用。另外，荞麦也不宜与猪肉同吃。

【做法小贴士】
1. 在超市可以买到荞麦面，在超市和农贸市场都可买到乌鸡。
2. 豆豉酱可以在超市买到。
3. 制作酱料时，所加各种调料的比例可以根据个人的口味而定。

竹荪菜胆银耳汤

【原料】竹荪、银耳、娃娃菜
【调料】盐、鸡精
【做法】
1. 用冷水将竹荪、银耳分别泡发并洗干净,择去银耳的蒂头,把竹荪切成 4～5 厘米长的小段。
2. 用温水漂洗竹荪和银耳。
3. 将娃娃菜洗净,菜叶撕开备用。
4. 将竹荪段和银耳放在锅里,加水煮开,再加入娃娃菜,待水滚后加入盐和鸡精即可出锅。

【竹荪】
竹荪含有 16 种氨基酸,且富含蛋白质、多种维生素和矿物质,有去脂、减肥、降血脂、补气血的功效。

健一公馆供稿

【做法小贴士】
1. 竹荪和娃娃菜都容易煮烂,煮时应注意时间。
2. 为了令菜品颜色更漂亮,可以加入少许油菜。

糯米红枣

【原料】红枣 50 个、糯米粉 250 克

【调料】白糖

【做法】
1. 将红枣洗净，放在锅里加水煮开，再用小火焖煮约 15 分钟。
2. 将煮好的红枣捞出凉凉。
3. 将糯米粉加适量水和成面团。
4. 将红枣用刀剖开半边，取出枣核，将糯米面团塞入红枣的缝中。
5. 将处理好的红枣放回锅内，用之前煮红枣的水继续煮，加白糖煮开后再焖煮 10 分钟即可。

【糯米】

糯米有健胃养脾的功效，但由于其淀粉含量较高，不适合糖尿病患者食用。

健一公馆供稿

健一公馆供稿

红果山药

【原料】鲜红果、山药、樱桃 2 颗
【调料】白糖、牛奶
【做法】
1. 将鲜红果洗净，加白糖煮烂后打成泥，去掉里面的子，制成红果酱备用。
2. 将山药洗净，切成段蒸 20 分钟后去皮，捣成泥状，加入白糖、牛奶拌匀即成山药泥。
3. 将熬制好的山药泥堆在盘中，再浇上红果酱，点缀樱桃即可上桌。

【红果】
红果即山楂，有消食、开胃、降血脂的功效。但山楂耗气，不适合气虚体弱以及怀孕早期的人食用。山楂适合与核桃、猪肉、排骨和红糖同吃，但不适合与胡萝卜、黄瓜、南瓜、猪肝、海鲜、人参、地黄、何首乌同吃。

健一公馆供稿

【做法小贴士】

在做这道菜时，为了令鸡爪入味，所需调料的量也较大，特别是白醋、盐和白糖要多放一些。也可以根据个人喜好，加入其他调料，如辣椒、八角等。

老坛子

【原料】鸡爪 1000 克、野山椒 1 瓶、西芹、胡萝卜

【调料】盐、味精、白糖、花椒、葱、姜、白醋

【做法】

1. 将鸡爪清洗干净备用，并剁去鸡爪上的指甲。
2. 将葱和姜洗净，葱切段、姜去皮切片备用。
3. 将胡萝卜和西芹洗净，均切成条状备用。
4. 将清水入锅，加入葱段和姜片后煮沸，将处理好的鸡爪下锅，用小火焖煮，直至煮熟，然后将鸡爪捞出备用。
5. 取一个小泡菜坛子，倒入凉开水，然后加入野山椒、白醋、盐、白糖、花椒和味精（这样就兑成了泡菜水），将鸡爪、胡萝卜条和西芹条放入坛中，泡菜水需没过鸡爪。
6. 将鸡爪浸泡 8 小时后，即可取出食用。

【特色】

"老坛子"这个词来自四川，指当地人制作泡菜用的泡菜坛子。这道菜清鲜爽脆、酸甜咸美，带有浓郁的乡土气息，淳朴可口。

岐山哨子面

【原料】 刀削面、精五花肉、黑木耳、胡萝卜、韭菜、鸡皮

【调料】 盐、八角、辣椒面、花椒、姜、香叶、老抽、米醋、高汤

【做法】

1. 将五花肉和胡萝卜切成 0.5 厘米见方的小丁，各焯一下备用。
2. 将黑木耳用水泡发，也焯一下备用。
3. 将鸡皮清洗干净，下炒锅煎好备用。
4. 将韭菜择洗干净，切碎备用。
5. 将炒锅烧热，倒入适量底油，油热后将花椒下锅炒香，然后将花椒捞出，把肉丁和八角下锅煸炒。待肉丁变色后，倒入老抽和稍多米醋，改用小火慢炖，至汤汁收干后加入盐和辣椒面，制成哨子待用。
6. 用高汤加入盐、姜末、香叶和哨子，调成哨子卤备用。
7. 在锅里盛水煮沸，下入刀削面，将面煮熟后盛在碗里。再加入制好的哨子卤，焯过水的黑木耳、胡萝卜以及煎好的鸡皮，最后放入少许的韭菜即可出锅。

【特色】

面条筋道，酸辣适中。

健一公馆供稿

炸咯吱盒

【原料】咯吱皮、香菜、胡萝卜
【调料】盐、香油
【做法】
1. 将香菜和胡萝卜切碎拌成馅，加入盐、香油调好味备用。
2. 在一整张咯吱皮上面抹上拌好的馅（厚3毫米左右），上面再盖上一张咯吱皮，整好形，再切成宽2厘米，长5厘米的小块，做成咯吱盒。
3. 将咯吱盒放入热油中炸成金黄色后即可出锅。

【特色】
1. 外酥里嫩，颜色金黄，酥脆鲜香，百吃不厌。
2. 含有丰富的维生素。

【做法小贴士】
咯吱皮即山东煎饼。

方学扣肉

【做法小贴士】

1. 五花肉应当选择带有肉皮且皮薄肉厚的，最好是方方正正一块。
2. 如果没有鹿肉，可以用牛肉代替。

健一公馆供稿

【原料】正方形猪五花肋条肉 200 克、西兰花 50 克、雪菜 30 克、鹿肉 30 克、笋 30 克

【调料】盐适量、白糖 20 克、葱 5 克、姜 5 克、生抽 15 毫升、高汤 50 毫升

【做法】
1. 用开水烫五花肉的外皮，刮净皮上余毛，温水洗净。上糖色后油炸一下，整形备用。
2. 把姜去皮洗净切片，葱洗净打结以防煮散。取一个大碗，铺上葱、姜片备用。
3. 将整形后的五花肉改成2厘米的方块，再用回形切法切开。将切好的肉块皮朝下小心码放入碗中。
4. 将雪菜焯水，炒锅上火烧热后将雪菜下锅煸干（无油炒干），然后加高汤、生抽煨至入味，再淋干水分码在碗中五花肉的上面。
5. 将鹿肉切成末，下炒锅煸干，再加入生抽和盐炒香后放在雪菜上面。
6. 在碗里加入高汤，将调料浇在上面，盖上碗盖。上火用小火焖2小时左右，直到肉八成酥时开盖。另取碗反扣进去，使得肉块翻身，皮朝上，再盖上盖，继续用小火焖至酥烂。
7. 将西兰花和笋洗净并焯熟，摆在盘中。
8. 将扣肉扣入盘中，浇上原汁（蒸肉时的肉汁）即可。

【特色】
万字扣肉选用猪身上的精五花肉，先煮后炸，再蒸制而成配上雪菜，解腻且有雪菜的香味。这道菜是用极其简单的手法，最大限度保留猪肉的味道。吃这道菜会想起小时候参加宴席时的味道。

【万字扣肉的来历】
这道菜是慈禧太后六十大寿时的贺寿菜，改刀成万字形，寓意为万寿无疆。

【回形切法】
用小刀由外及内，依方形绕圈向肉块中心切成薄厚一致的薄片，注意不可断刀，要连绵不断。

健一公馆供稿

附录

附录 I　常见食物的食性、食味与归经 / 178

附录 II　体质虚弱症的类型与食疗 / 188

附录 III　厨房常备的调料与自制调料 / 189

附录 I
常见食物的食性、食味与归经

食物的食性、食味、归经等学说，是中国传统食物养生的重要理论基础。中医认为，养生应讲究药食同源，食物即药物，它们之间并不存在绝对的分界线。

现代的营养学只注意到食物的营养成分，忽略了其自然特性。然而，正由于食物都具有自然特性，才能够调理、纠正人体的内在平衡，起到食疗、食养的作用。传统养生将中医的"四性"、"五味"理论和经络学说运用到食物中，将食物的自然特性归结为食性、食味和归经。

食性、食味和归经能令人从本质上了解每种食物的特点，从而做出有益健康的选择。在日常生活中，我们应该将天时四季与食物的性味归经的理论相联系，结合个人的年龄、身体状况等因素，具体分析并选择食物，从而真正体会食物的养生调理作用。

食性

食物的四性又称四气，即寒、热、温、凉。

性寒和性凉的食物能起到清热、泻火、解毒的作用，如在炎热的夏季可以饮用绿豆汤、西瓜汁、苦瓜茶等饮品，具有清热解暑、生津止渴的效果。

性热和性温的食物具有温中除寒的作用，在严冬季节可以选用姜、葱、蒜、狗肉、羊肉等食物，能起到除寒助阳、健脾和胃、补虚等作用。

除了"四性"外，还有性质平和的"平性"食物，如谷类的米、麦及豆类等，平性的食物适合所有季节、各种体质的人食用。

食味

食分五味，即酸、苦、甘、辛、咸。食物的性味不同，对人体的作用也有明显的区别。我们只有对"五味"有了全面的认识，才能使做出的菜肴更合理、更科学，取得药食兼备的效果。

1. 酸味食物（酸入肝）

酸味食物可收敛固涩、增进食欲、健脾开胃。如米醋可消瘀解毒；乌梅可生津止渴、敛肺止咳；山楂可健胃消食；木瓜可平肝和胃等。

2. **苦味食物（苦入心）**

　　苦味食物燥湿、清热、泻火。如苦瓜可清热、解毒、明目；杏仁可宣肺止咳、润肠通便；枇杷叶可清肺和胃、降气解暑；茶叶可强心、利尿、清神志。

3. **甘味食物（甘入脾）**

　　甘味食物有补养、缓和痉挛、调和性味之功。如白糖可助脾、润肺、生津；红糖可活血化淤；冰糖可化痰止咳；蜂蜜可和脾养胃、清热解毒；大枣可补脾益阴。

4. **辛味食物（辛入肺）**

　　辛味食物能祛风散寒、舒筋活血、行气止痛。举例来说，姜可发汗解表、健胃进食；胡椒可暖肠胃，除寒湿；韭菜可行淤散滞、温中利气；葱可发表解寒。

5. **咸味食物（咸入肾）**

　　咸味食物能软坚散结、滋润潜降。如食盐可清热解毒、涌吐、凉血；海带可软坚化痰，利水泻热；海蜇可清热润肠。

　　每种食物都有不同的"性味"，应把"性"和"味"结合起来，才能准确分析食物的功效。如有的食物，同为甘性，有甘寒、甘凉、甘温之分，如姜、葱、蒜。因此不能将食物的"性"与"味"孤立起来，否则食之不当。如莲子味甘微苦，有健脾、养心、安神的作用；苦瓜性寒、味苦，可清心火，是热性病患者的理想食品。

归经

　　归经建立在经络学说的基础上，指的是食物能够对机体内某一部分器官起到滋养作用。举例来说，同样是寒性食物，都具有清热去火的作用，柿子入肺经而芹菜入肝经；因此，柿子偏于清肺热，芹菜则能够清肝热。

　　食物也是药物。有的药物一药归两经，甚至归三经；食物中也既有归一经的，也有归两经、三经的。如山楂归脾经、胃经和肝经，兼具开胃、活血、降血脂的功效。

　　值得注意的是，食物的归经与五味的关系很密切，可以总结为酸入肝、苦入心、甘入脾、辛入肺、咸入肾。在生病时也应当注意，脾胃病忌甘酸味、肺病忌苦味、肝病忌辛味、心肾病忌咸味。也就是说，具有不同味道的食物在消化后，对各自对应的五脏有影响。我们应当谨记这些规律，并注意控制饮食的平衡。

日常食物的食性、食味与归经

食　材	食　性	食　味	归　经
谷物类			
粳米	平	甘	脾经，胃经
糯米	温	甘	脾经，胃经，肺经
西谷米	温	甘	脾经，胃经，肺经
燕麦	温	甘	脾经，肝经
玉米	平	甘淡	胃经，大肠经
荞麦	凉	甘	脾经，胃经，大肠经
薏苡仁	凉	甘淡	脾经，肺经，肾经
高粱	温	甘涩	脾经，胃经，大肠经，肺经
粟米（小米）	凉	甘咸	肾经，脾经，胃经
小麦	凉	甘	心经，肾经，脾经
大麦	凉	甘	脾经，胃经
谷芽	温	甘	脾经，胃经
芝麻	平	甘	肝经，肾经
蔬菜类			
黄芽白菜	平	甘	胃经，大肠经
青菜	平	甘	胃经，大肠经，肺经
韭菜	温	甘辛	肝经，胃经，肾经
芹菜	凉	甘苦	胃经，肝经
茭白	凉	甘	脾经

日常食物的食性、食味与归经

食 材	食 性	食 味	归 经
蔬菜类			
荠菜	平	甘	肝经，肺经
芫荽	温	辛	肺经，脾经
蕹菜（空心菜）	寒	甘	胃经，大肠经
落葵（木耳菜）	寒	甘酸	大肠经
花椰菜	凉	甘	胃经，肝经，肺经
甘蓝（圆白菜）	平	甘	肾经，胃经
苋菜	凉	甘	肝经，大肠经
莙荙菜（牛皮菜）	凉	甘	脾经，胃经
马兰头	凉	辛甘	肺经，肝经
芸薹（红油菜）	凉	辛	肺经，肝经
金花菜	平	苦	胃经，大肠经
莼菜	寒	甘	脾经，胃经
茼蒿	平	甘辛	肺经，胃经
菠菜	凉	甘	胃经，小肠经
菊花脑	凉	甘	肝经
蕺菜（鱼腥草）	寒	辛	肺经，肝经
蔓菁（大头菜）	平	苦辛甘	胃经
金针菜（黄花菜）	凉	甘	肝经
香椿	温	甘辛	胃经，大肠经
慈姑	凉	苦甘	肝经，肺经
莴苣	凉	苦甘	胃经，大肠经
葱	温	辛	肺经，胃经
蒜	温	辛	脾经，胃经，肺经
茄子	凉	甘	脾经，胃经，大肠经
枸杞头	凉	甘苦	肝经，肾经
青芦笋	凉	甘	脾经
辣椒	热	辛	心经，脾经
竹笋	微寒	甘	肺经，心经，大肠经
西红柿（番茄）	微寒	甘酸	胃经
四季豆（芸豆）	温	甘	脾经，胃经
扁豆	平	甘	脾经，胃经
黄豆	平	甘	脾经，大肠经

日常食物的食性、食味与归经

食材	食性		食味	归经
蔬菜类				
长豆（豇豆）	平		甘	脾经，肾经
黄豆芽	寒		甘	胃经，大肠经
绿豆	凉		甘	心经，胃经
黑豆	平		甘	脾经，肾经
赤豆	平		甘酸	心经，小肠经
豆豉	平		咸	肺经，胃经
豆腐	凉		甘	脾经，胃经，大肠经
蚕豆	平		甘	脾经，胃经
豌豆	平		甘	脾经，胃经
芋头	平		甘辛	胃经，大肠经
藕	生	寒	甘	心经，脾经，胃经
	熟	温		
萝卜	生	凉	辛	肺经，胃经
	熟	温	甘	
胡萝卜	平		甘	肺经，脾经
番薯	平		甘	脾经
菊芋（洋姜）	平		甘	胃经，膀胱经
山药	平		甘	肺经，脾经，肾经
马铃薯	平		甘	脾经，胃经
洋葱	温		辛	肺经，大肠经，胃经
瓠子	寒		甘	大肠经，胃经，膀胱经
菜瓜（白瓜）	寒		甘	胃经，大肠
南瓜	温		甘	脾经，胃经
冬瓜	凉		甘淡	肺经，大肠经，膀胱经
苦瓜	青苦瓜	寒	苦	心经，脾经，胃经
	熟苦瓜	平	甘	
丝瓜	凉		甘	肝经，胃经
木瓜	温		酸甘	肝经，脾经
黄瓜	凉		甘	脾经，胃经，大肠经
水果类				
梨	凉		甘微酸	肺经，胃经
桃子	热		甘酸	心经，肝经

日常食物的食性、食味与归经

食 材	食 性	食 味	归 经
水果类			
柑	凉	甘酸	脾经，胃经
苹果	凉	甘	胃经，肺经
花红（沙果）	平	甘酸	心经，肝经，肺经
枇杷	凉	酸甘	脾经，肺经，肝经
西瓜	寒	甘淡	心经，胃经，膀胱经
橘子	凉	甘酸	肺经，胃经
柚子	寒	甘酸	胃经，肺经
杨桃	寒	甘酸	肺经
杏	温	酸甘	肺经
柿子	寒	甘涩	心经，肺经，大肠经
荔枝	温	甘酸	脾经，肝经
甜瓜	寒	甘	心经，胃经
柠檬	微温	甘酸	胃经，肝经
葡萄	凉	酸甘	肺经，脾经，肾经
金橘	温	甘辛	肝经，胃经
椰子浆（椰子）	凉	甘	胃经，心经
石榴	温	甘或酸	肝经，肺经，大肠经
香蕉	寒	甘	肺经，胃经，大肠经
菠萝	平	甘微涩	肺经，胃经
杨梅	温	酸甘	肺经，胃经
樱桃	热	甘	脾经，胃经
李子	平	酸甘	肝经，肾经
龙眼	温	甘	心经，脾经
芒果	凉	甘酸	胃经，肺经，肾经
无花果	平	甘	肺经，大肠经，胃经
猕猴桃	寒	甘酸	肾经，胃经
橙子	凉	酸甘	肺经
甘蔗	寒	甘	肺经，胃经
荸荠	寒	甘	肺经，胃经
山竹	寒	甘	脾经，大肠经，肺经
干果类			
山楂	微温	酸甘	脾经，胃经，肝经

日常食物的食性、食味与归经

食 材	食 性	食 味	归 经
干果类			
橄榄	平	酸甘	肺经，胃经
大枣	温	甘	脾经，胃经
葵花子	平	甘	心经
罗汉果	凉	甘	肺经，脾经
菱角	凉	甘	胃经，大肠经
槟榔	温	甘微苦涩	脾经，胃经，大肠经
花生	平	甘	肺经，脾经
白果（银杏）	平	甘苦涩，有小毒	肺经，肾经
南瓜子	平	甘	大肠经，肺经
芡实	平	甘涩	脾经，肾经
莲子	平	甘涩	心经，脾经，肾经
百合	温	甘微苦	肺经，心经
菌藻类			
银耳（白木耳）	平	甘淡	肺经，胃经
裙带菜	凉	甘咸	脾经，胃经
地耳（地衣）	寒	甘淡	肝经
石耳	平	甘	肺经，大肠经
香菇	平	甘	胃经，肝经
蘑菇	凉	甘	肺经，胃经
金针菇	寒凉	甘	脾经，大肠经
黑木耳	平	甘	胃经，大肠经
猴头菇	平	甘	胃经，脾经
海带	寒凉	咸	肺经，脾经，肾经
平菇	平	甘	脾经，胃经
草菇	平	甘	脾经，胃经
江蓠（发菜）	寒	甘咸	肺经
紫菜	寒	甘咸	肺经
肉类			
牛肉	平	甘	脾经，胃经
猪肉	平	甘咸	脾经，胃经，肾经
狗肉	温	咸酸	脾经，胃经，肾经
羊肉	温	甘	脾经，肾经

日常食物的食性、食味与归经

食　材	食　性	食　味	归　经
肉类			
骆驼肉	温	甘	脾经，胃经
驴肉	平	酸甘	心经
鹿肉	温	甘	脾经，肾经，肝经
火腿	温	咸甘	脾经，胃经，肾经
马肉	寒	甘酸	肾经，心经
鸡肉	温	甘	脾经，胃经
乌骨鸡	平	甘	肝经，肾经
鸭肉	凉	甘	脾经，胃经，肺经，肾经
鹅肉	平	甘	脾经，肺经
鹌鹑肉	平	甘	脾经，大肠经
麻雀肉	温	甘	肾经，心经，膀胱经
鸽肉	平	咸	肝经，肾经
雉肉	温	甘酸	心经，胃经，脾经
蛙肉	凉	咸	肾经，肺经，脾经
蛋类			
鸡蛋	平	甘	心经，脾经，胃经，肺经
鸭蛋	微寒	甘咸	心经，肺经，大肠经
鹌鹑蛋	平	甘	肺经，胃经
奶类			
酸奶	平	酸甘	心经，肺经，胃经
羊奶	温	甘	心经，肺经，肾经
牛奶	凉	甘	心经，肺经，胃经
马奶	平	甘	肺经，胃经
鱼类			
乌鱼	寒	甘	脾经，胃经，大肠经，肺经
鲢鱼	温	甘	脾经，肺经
鲫鱼	平	甘	脾经，胃经，大肠经
青鱼（黑鲩）	平	甘	肝经，胃经，脾经
石首鱼（黄花鱼）	平	甘	胃经，肾经
鲶鱼	温	甘	胃经
带鱼	温	甘	胃经
鲈鱼	平	甘	脾经，肝经，肾经

日常食物的食性、食味与归经

食 材	食 性	食 味	归 经
鱼类			
鲤鱼	平	甘	脾经，肾经
鲚鱼（凤尾鱼）	温	甘	脾经，胃经
乌贼鱼（墨鱼）	平	咸	肝经，肾经
鲛鱼（鲨鱼）（鱼翅）	平	甘咸	脾经，肾经
白鱼	平	甘	脾经，胃经，肝经
银鱼	平	甘	脾经，胃经
鳆鱼（鲍鱼）	平	甘咸	肝经，肾经
鲳鱼	平	甘	胃经，肾经
鲩鱼（草鱼）	温	甘	脾经，胃经
鲂鱼（鳊鱼）	温	甘	胃经，脾经
黄颡鱼（黄刺鱼）	平	甘	脾经，胃经
章鱼	寒	甘咸	脾经
鳙鱼（胖头鱼）	温	甘	胃经
鲻鱼（梭鱼）	平	甘咸	胃经，脾经
桂鱼（鳜鱼）	平	甘	脾经，胃经
鳝鱼	温	甘	肝经，肾经
鲫鱼	平	甘	脾经，肺经
泥鳅	平	甘	脾经，肺经
鳗鲡	平	甘	肝经，胃经
鲑鱼（大马哈鱼）	平	甘	肝经，肾经
水产类			
蟹	寒	咸	肝经，胃经
蚶	温	甘	胃经
虾	温	甘咸	肝经，肾经
鱼鳔	平	甘	肾经
海马	温	甘	肝经，肾经
甲鱼（鳖）	平	甘	肝经
龟	平	甘	肝经，肾经
田螺（螺蛳）	寒	甘	胃经，大肠经，膀胱经
蚬	寒	甘咸	肺经，胃经
海参	温	咸	心经，肾经
海蜇	平	咸	肝经，肾经

日常食物的食性、食味与归经

食 材	食 性	食 味	归 经
水产类			
干贝	平	甘咸	肾经，脾经
蚌	寒	甘咸	肝经，肾经
淡菜	温	甘	肝经，肾经
牡蛎（蚝）	微寒	甘咸	心经，肺经
调味品类			
姜	温	辛	肺经，胃经，脾经
花椒	温	辛，有小毒	脾经，肺经，肾经
胡椒	热	辛	大肠经，胃经
豆蔻	温	辛	脾经，胃经，肺经
丁香	温	辛	胃经，脾经，肾经
味精	温	辛	
小茴香	温	辛	肾经，膀胱经，胃经
酱	寒	咸	胃经，脾经，肾经
醋	温	苦酸	肝经，胃经
植物油	温	甘辛	
大茴香（八角）	温	甘辛	脾经，肾经
蜂蜜	平	甘	肺经，脾经，大肠经
食糖	平	甘	脾经，胃经，肝经
山柰（沙姜）	温	辛	胃经
芥末	温	辛	肺经，胃经
砂仁	温	辛	脾经，胃经
草果	温	辛	脾经，胃经
食盐	寒	咸	肾经，胃经，大肠经，小肠经
紫苏	温	辛	肺经，脾经
咖啡	温	甘苦	

附录 II
体质虚弱症的类型与食疗

体质虚弱是现代常见的病症，但在健康检查时往往查不出异常情况。中医学根据体质虚弱的各种表现，将之分为阴虚、阳虚、气虚和血虚四个大类。如果能了解体质虚弱症的各种症状，及时判断其类型，并选择适宜的食物养生滋补，对身体健康将有极大的好处。

虚症类型	身体特征	适宜饮食
阴虚	形体消瘦，面色潮红，皮肤干燥，口腔、咽喉干燥，手足心热，便干尿黄，心头烦躁，易口渴，喜冷饮。 眼睛干涩，视物昏花为肝阴虚；心悸、失眠多梦为心阴虚；潮热盗汗、干咳少痰为肺阴虚；男性遗精、女性月经量少为肾阴虚。	阴虚体弱者饮食应注意滋养肝、肾，饮食以清淡为主。 宜吃的食物有鸭肉、猪肉、猪蹄、鸡蛋、海参、龟、鲍鱼、银耳、百合、黑木耳、糯米、芝麻、枸杞、绿豆、黑豆、豆腐、梨、甘蔗、橙子、草莓、柚子、牛奶、鱼类、蜂蜜、燕窝等。 忌吃的食物有葱、姜、蒜、辣椒、韭菜等辛味食物。 应远离肥腻的和燥烈的食物。
阳虚	体型白胖，脸色淡白没有光泽，四肢冰冷，畏寒喜暖，脉象沉、迟、弱；同时口淡唇白，四肢倦怠，小便清长，易腹泻，易出虚汗；嗜睡，不爱说话，精神委靡，喜热饮。 阳虚体弱者常有腹痛不适之感，用手揉按可以缓解腹痛；尿频、性欲衰退亦是常事。	阳虚体弱者应注意滋补肾、脾，多吃有壮阳作用的食物，忌吃凉性食物。 宜吃的食物有狗肉、羊肉、鸡肉、鹿肉、海马、海虾、韭菜、姜、肉桂、茴香、胡椒、荔枝、冬虫夏草、人参等。 忌吃的食物有鸭肉、鸭血、兔肉、丝瓜、冬瓜、金银花、薄荷叶等。
气虚	形体消瘦，乏力懒言，目光无神，面色苍白，心悸盗汗，舌苔发白，头晕目眩。 气虚体弱者易气短咳喘，精神疲惫，易患感冒；或食少腹胀，大便溏稀；或腰膝酸软，小便频多，男性滑精早泄，女性白带清稀。	气虚体弱者应着重滋补脾、肺和肾，多吃补益的食物，忌吃耗气的食物。 宜吃的食物有牛肉、鹅肉、狗肉、兔肉、鸡肉、桂鱼、鲢鱼、青鱼、鳝鱼、糯米、山药、马铃薯、胡萝卜、香菇、樱桃、葡萄、豆腐、粳米、小米、大麦、黄米等。 忌吃的食物有山楂、蒜、槟榔、香菜、萝卜叶等。
血虚	脸色苍白无华，嘴唇淡白，心悸眩晕，易失眠，皮肤干燥，脉搏细弱，肢端发麻。	血虚体弱者应着重滋补心、肝、脾，多吃补血养血的食物。 宜吃的食物有羊肝、牛肝、羊肉、鸡肉、猪肉、甲鱼、平鱼、海参、菠菜、黑木耳、花生、黄豆、豆浆、牛奶、大枣、荔枝、桂圆、松子、葡萄等。 忌吃的食物有荸荠、蒜、薄荷、白酒、槟榔、菊花等。

附录 III
厨房常备的调料与自制调料

调料

生　抽　广东地区对浅色酱油的俗称，生抽的鲜味较浓。
老　抽　广东地区对深色酱油的俗称，老抽的咸味较重。
花椒盐　用盐和花椒同炒，然后研成粉末，即花椒盐。
胡椒盐　胡椒面加上盐混合而成。
辣椒盐　将盐炒熟，与辣椒面混合而成。
嫩肉粉　嫩肉粉又叫嫩肉晶，嫩肉粉的主要成分是蛋白酶，能对肉中的弹性蛋白和胶原蛋白进行分解，从而使肉制品口感变得嫩而鲜香。嫩肉粉安全、无毒、卫生且助消化。
太白粉　太白粉即生的马铃薯淀粉，颜色洁白，适合用于勾芡，能够令汤汁显得浓稠，且令食物外观有光泽。
山西老陈醋　山西老陈醋是以高粱为原料制成的著名的北方食醋，颜色呈紫黑。
镇江香醋　南方菜常用的调料，以糯米为原料制成。
干辣椒　干辣椒是使用新鲜的尖头辣椒晒成的，在做菜时可用于去腻、提味。
辣椒油　用干辣椒或辣椒粉熬煮后加入油，熬制并沉淀而成的，在烹调时，辣椒油的作用与干辣椒相同。
鸡　油　用鸡腹腔里的脂肪熬炼出来的油脂，色泽浅黄透明，在烹调中具有增香提味的作用。
花椒油　用清油、花椒、油、葱、姜等炸制而成，味道麻香，可以用于调味。
鸡　精　第三段复合型味精，多用于做汤、涂抹调味、菜肴调味，还有嫩化肉类的作用。
蚝　油　蚝油是用牡蛎汁熬成的调味料，是广东地区常用的鲜味调味料。
鱼　露　鱼露味道咸鲜，是用鳗鱼和其他的鱼类废弃物熬制成的调料。
花　椒　花椒又名山椒、巴椒，味辛性温，味道麻辣，能去除肉类的腥气，增强食欲。
桂　皮　桂皮又名肉桂、五桂皮，味辛性温，是我国的传统香料。
丁　香　用丁香花蕾晒干后制成，常用于卤、烧等烹饪方法。
八　角　八角又叫大料、大茴香，微辣带甜，有理气开胃之效，常用于炖、焖、烧等烹饪方法。
小茴香　色呈灰黄，味辛性温，香气浓郁，常与花椒配合使用。
橘　皮　新鲜柑橘的果皮，能去异味并提香。
月桂叶　月桂树的叶子，能去异味，特别是除臭，还有提香的作用。

自制调料

清　汤　清汤即清鸡汤，是高汤的一种，特色是不加油、盐、白糖，完全是自然鲜味。
三合油　由酱油、香油、花椒油等量混合制成。
葱姜汁　将葱、姜剁碎，加入清汤浸泡2小时后，将清汤去渣澄清，即为葱姜汁，通常用于拌馅、煨制。
湿淀粉　用干淀粉加上同等重量的水调制而成。
粉　浆　用干淀粉加上2倍重量的水调制而成。

本书主要参考文献

1．《中华食物便典》编委会编著《中华食物便典》，广东科技出版社，2007。
2．朱复融主编《中华饮食营养与宜忌大全》，广州出版社，2006。
3．杨力主编《四季养生》，金城出版社，2007。
4．江泛主编《四季饮食养生保健》，团结出版社，2008。

后 记

随着科技日益发达、生活节奏加快，人们每天奔波于各种事情，往往忽略了健康。烹饪是生活的重要组成部分，通过享用佳肴以及饭桌上的交流，大家会得到身心双方面的调整与满足；饮食文化方面的沟通更能传递关爱。

中国自古有"民以食为天"的传统，编著《四季健康厨房》的目的，是结合中国的传统文化，帮助大家更好地安排四季饮食、获得烹饪美食的乐趣。人是自然的一部分，了解自身，顺应天时，才能帮助他人、创造机遇，从而更好地生活。

在这本书的成书过程中，承蒙多方帮助。谨在此感谢健一公馆及公馆创办者康健一先生的帮助；感谢鲁求为本书提供的大量图片；感谢尚荷居提供的帮助。

此次出书也得到了社会科学文献出版社的帮助，谨向马晓星、邹绍荣和陶盈竹几位编辑以及编务尤雅致以谢意。

中华饮食文化博大精深，希望本书能为大家打开一扇通向美食、健康与机遇的窗。在此谨祝以上提到的所有人士以及本书读者健康长寿，生活幸福，尽享美食之趣。

本书主编

图书在版编目（CIP）数据

四季健康厨房 / 高树仁，欧阳雪主编．——北京：
社会科学文献出版社，2010.8
　（3A 时尚）
　ISBN 978-7-5097-1671-7

Ⅰ．①四… Ⅱ．①高…②欧… Ⅲ．①食物养生
Ⅳ．① R247.1

中国版本图书馆 CIP 数据核字 (2010) 第 132119 号

四季健康厨房

主　　编 / 高树仁　欧阳雪

出 版 人 / 谢寿光
总 编 辑 / 邹东涛
出 版 者 / 社会科学文献出版社
地　　址 / 北京市西城区北三环中路甲29号院3号楼华龙大厦
邮政编码 / 100029
网　　址 / http://www.ssap.com.cn
网站支持 / (8610) 59367077
责任部门 / 电子音像社策划编辑部 (010) 59367106
电子信箱 / dzyx@ssap.cn
项目负责 / 孙元明
责任编辑 / 马晓星
装帧设计 / 3A 设计艺术工作室　马　宁
责任校对 / 南秋燕
责任印制 / 董　然　蔡　静　米　扬

总 经 销 / 社会科学文献出版社发行部
　　　　　(010) 59367080　59367097
经　　销 / 各地书店
读者服务 / 读者服务中心 (010) 59367028
印　　刷 / 北京千鹤印刷有限公司

开　　本 / 787 mm × 1092 mm　1/16
印　　张 / 12
字　　数 / 165 千字
版　　次 / 2010 年 8 月第 1 版
印　　次 / 2010 年 8 月第 1 次印刷

书　　号 / ISBN 978-7-5097-1671-7
定　　价 / 29.80元

本书如有破损、缺页、装订错误，
请与本社读者服务中心联系更换

版权所有　翻印必究